Fireworks

NEW FILM

花之物语

FLOWERS

园艺盆景

鲜花造型

插花艺术

About Us   What's New   Links

Music Light

| ALTO | PIANO | VIOLIN | FLUTE | OPERN |

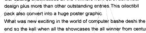

Welcome to our Website"Music Light" about music.
Our catalog shouwcases all the Winners from ourth beneficial
design plus more than other outstanding entries.This oilectibil
pack also convert into a huge poster graphic.
What was new exciting in the world of computer bashe deshi the
end so the kell when all the showcases the all winner from century!

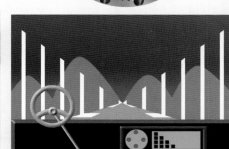

中国人民邮政

100分

NEWS

NEWS

NEWS

NEWS

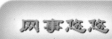
网事悠悠

New Beijing, Great Olympics

花之物语
园艺盆景
鲜花造型
插花艺术

湖景　山峦　水彩　油画

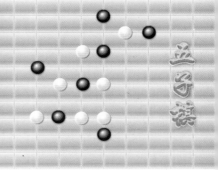

网事悠悠

历史
WISHES

Fireworks CS6 中文版标准实例教程

三维书屋工作室

胡仁喜 杨雪静 等编著

机 械 工 业 出 版 社

本书重点介绍了 Fireworks CS6 中文版的常用工具及其特色操作，并给出最常见的精彩实例。在 Web 对象编辑上由简入繁，由静到动，使读者不仅可以从局部熟悉 Fireworks 的功能，还可以从整体上熟练运用各种工具箱。最后结合不同的应用情况给出了实际操作例子，可以感觉到 Fireworks 的强大功能。全书共分 10 章：第 1 章介绍 Fireworks CS6 入门基础知识；第 2 章介绍图像绘制的基本方法；第 3 章介绍编辑图像的基本方法；第 4 章介绍文字使用的方法与技巧；第 5 章介绍元件和图层；第 6 章介绍滤镜和效果；第 7 章介绍 HTML 基础；第 8 章介绍动态效果设计；第 9 章介绍优化和导出图像；第 10 章通过 12 个综合实例全面总结和具体应用前面的知识。

本书的内容适合刚入门的网站设计人员，可以作为熟练网站开发人员的参考书，也是广大网页爱好者的一个好伙伴。随书光盘包含全书实例源文件和素材文件以及实例操作过程讲解 AVI 文件，可以帮助读者形象直观地学习本书。

图书在版编目（CIP）数据

Fireworks CS6 中文版标准实例教程/胡仁喜等编著. —2 版. —北京：机械工业出版社，2012.9（2020.1 重印）

ISBN 978-7-111-39547-8

Ⅰ.①F⋯ Ⅱ.①胡⋯ Ⅲ.①网页制作工具—教材 Ⅳ.①TP393.092

中国版本图书馆 CIP 数据核字（2012）第 198767 号

机械工业出版社（北京市百万庄大街 22 号 邮政编码 100037）

策划编辑：曲彩云 责任编辑：曲彩云

责任印制：邰 敏

北京中兴印刷有限公司印刷

2020 年 1 月第 2 版第 6 次印刷

184mm×260mm · 13 印张 · 2 插页 · 318 千字

8 001—9 000 册

标准书号：ISBN 978-7-111-39547-8

ISBN 978-7-89433-223-3（光盘）

定价：36.00 元（含 1DVD）

凡购本书，如有缺页、倒页、脱页，由本社发行部调换

电话服务	网络服务
服务咨询热线：010-88361066	机 工 官 网：www.cmpbook.com
读者购书热线：010-68326294	机 工 官 博：weibo.com/cmp1952
010-88379203	金 书 网：www.golden-book.com
封面无防伪标均为盗版	教育服务网：www.cmpedu.com

前 言

Fireworks 是网页设计中常用的工具之一，同 Dreamweaver 和 Flash 相比，Fireworks 的主要功能是完成网页中图形效果的处理。Firewoks 将矢量图形和位图图形的操作环境集成在同一个环境下，从而使用户灵活操作。

Fireworks CS6 在网页的图片和交互元素的处理上新增了许多容易操作的功能。这些功能可以在对交互式网页设计的代码编程（如 JavaScript 语言）了解不多的情况下完成丰富的网页制作，对于有经验的网站设计者和网页图形设计者，可以大大提高他们的工作效率。

Fireworks 中集成了丰富的滤镜效果和一些常用样式，这些都是 Adobe 公司在生产时精心挑选出来的，在网页设计时给用户和设计者带来很大的便利。此外通过导入和导出操作可以将编辑的对象导出到图形制作开发环境，如 Photoshop 和 Web 代码编写环境、Dreamweaver 等环境。此外，Fireworks 集成的丰富的动画功能使开发人员在设计时免去编写代码的烦恼，通过使用其中的元件间的插帧技术，Fireworks 可以自动生成动画效果。在设计完成时，开发人员还可以根据网站使用的环境对设计的网页进行优化，使其满足客户的需求。

本书在内容的安排上首先简单介绍了 Fireworks CS6 的新增特性，之后重点介绍了 Fireworks CS6 的常用工具及其特色操作，并给出最常见的精彩实例。在 Web 对象编辑上由简入繁，由静到动，使读者不仅可以从局部熟悉 Fireworks 的功能，还可以从整体上熟练运用各种工具箱。最后结合不同的应用情况给出了实际操作例子，可以感觉到 Fireworks 的强大功能。全书共分 10 章：第 1 章介绍 Fireworks CS6 入门基础知识；第 2 章介绍图像绘制的基本方法；第 3 章介绍编辑图像的基本方法；第 4 章介绍文字使用的方法与技巧；第 5 章介绍元件和图层；第 6 章介绍滤镜和效果；第 7 章介绍 HTML 基础；第 8 章介绍动态效果设计；第 9 章介绍优化和导出图像；第 10 章通过 12 个综合实例全面总结和具体应用前面的知识。

本书的内容适合刚入门的网站设计人员，可以作为熟练网站开发人员的参考书，也是广大网页爱好者的一个好伙伴。随书光盘包含全书实例源文件和素材文件以及实例操作过程讲解 AVI 文件，可以帮助读者形象直观地学习本书。

本书由三维书屋工作室总策划，胡仁喜、杨雪静、刘昌丽、康士廷、张日晶、孟培、万金环、闫聪聪、卢园、郑长松、张俊生、李瑞、董伟、王玉秋、王敏、王玮、王义发、王培合、辛文彤、路纯红、周冰、王艳池、王宏等编写。本书的编写和出版得到了很多朋友的大力支持，值此图书出版发行之际，向他们表示衷心的感谢。

书中主要内容来自于作者几年来使用 Fireworks 的经验总结，虽然笔者几易其稿，但由于时间仓促加之水平有限，书中纰漏与失误在所难免，恳请广大读者登录网站 www.sjzsanweishu.com 或联系 win760520@126.com 提出宝贵的批评意见。

作 者

目　　录

第1章 初识 Fireworks CS6

本章导读

　　Fireworks 可以与多种产品集成在一起，包括 Adobe 的其他产品（如 Dreamweaver、Flash、FreeHand 和 Director）和图形应用程序及 HTML 编辑器，这无疑使多个软件的功能得到了互补与加强，尤其是使 Fireworks 的功能得到了无限的扩展，从而提供了一个真正集成的 Web 解决方案。

学 习 要 点

- Fireworks CS6 的新功能
- 基础知识
- 基本操作

Fireworks CS6中文版标准实例教程

1.1　Fireworks CS6 的新功能

随着计算机技术的飞速发展，图形图像在网页中的应用也越来越广泛。在网页中使用图像，不但可以美化页面，而且可以使网页具有特殊的表达力与艺术感染力。

Fireworks 是用来设计和制作专业化网页图形的终极解决方案。使用 Fireworks，您可以在一个专业化的环境中创建和编辑网页图形、进行动画处理、添加高级交互功能以及优化，从而创建出非凡的网页图像。Fireworks CS6 不仅继承了以往 Fireworks 的强大功能，还增添了许多新的特性。下面看一下它与以前的版本相比有哪些改进。

（1）改进 CSS 支持。在 Fireworks CS6 中，通过使用属性面板，可以完全提取 CSS 元素和值（颜色、字体、渐变和圆角半径等），直接将其复制并粘贴至 Dreamweaver CS6 软件或其他 HTML 编辑器。只需一步，即可模拟完整的网页并将版面与外部样式表一起导出，以节省时间并保持设计的完整性。

（2）全新的 jQuery Mobile 主题外观支持。为移动网站和应用程序创建、修改或更新 jQuery 主题，包括 CSS Sprite 图像。

（3）新的调色面板。使用 Fireworks CS6 的调色面板可以快速在纯色、渐变和图案填充效果之间进行切换；可以对填色和描边对话框应用不透明度控制，以更精准地进行控制。

（4）访问 API 以生成扩展功能。从社区导向的扩展功能中受益。

（5）改进的性能。在 Mac OS 中使用高速重绘功能，使用户在快速响应的环境中提高工作效率。优化的内存管理可在 64 位 Windows® 系统上支持体积高达四倍的文件。

1.2　基础知识

1.2.1　位图与矢量图

计算机图形分为位图和矢量图两大类。每种类型的图像都有独特的外观与操作过程，掌握了这两种绘图方法，就可以创作出任何网页图像。

矢量图是用一组数学指令来描述图像的内容，这些指令定义了构成图像的所有直线、曲线等要素的形状、位置等信息。使用矢量图任意缩放图像，或以任意分辨率的设备输出图像，都不会影响图像的品质。例如，Flash、FreeHand、LiveMotion 等软件处理的就是矢量图。位图也叫做栅格图，是由许多小栅格（即像素）组成的。处理位图时，实际上是编辑像素。因此，在表现图像中的阴影和色彩的细微变化方面，或者进行一些特殊效果处理时，位图是最佳的选择。但是一定要注意，位图的清晰度与其分辨率密切相关，缩放位图图像会改变其显示效果。例如，在放大位图图像时会出现马赛克效果。

1.2.2　分辨率

分辨率是位图特有的概念，图像的分辨率是指单位长度上的像素数，通常用每英寸中的像素数来表示（即 ppi）。图像的分辨率越高，构成图像的像素数就越多，相应地，图像文件也就越大。在处理网页图像时，一定要平衡好图像的色彩品质和网络传输速度之间的关系。

设计处理网页图像时，一般地，PC 的分辨率是 96 ppi，苹果机的分辨率是 72 ppi。

1.2.3 色彩模式

合理地运用色彩，会使网页的视觉效果更加舒适，同时还能够激发浏览者的想象与情感，让网页作品先声夺人。下面介绍几种网络上常见的色彩模式。

1. RGB 色彩模式

RGB 色彩模式俗称三基色。这种模式是以红、绿、蓝三种基本色为基础，进行不同程度的叠加，从而产生丰富而广泛的颜色。RGB 模式大约可反映出 1680 多万种颜色，是应用最为广泛的色彩模式，所有的电影、电视、显示器等视频设备都依赖于这种模式。

2. CMY 色彩模式

CMY 模式是减色模型，通常在印刷行业中使用。它以青色、品红、黄色、黑色为基色，因此又叫 CMYK 模型。CMY 模型的数值以十进制表示，同时色谱图上显示的是全彩图。

3. HSB 色彩模式

HSB 色彩模式将色彩分为色调、饱和度和亮度三个要素。色调是指光经过折射或反射后产生的单色光谱，即纯色；饱和度用于描述色彩的浓淡程度，各种颜色的最高饱和度为该颜色的纯色，最低饱和度为灰色；亮度用于描述色彩的明亮程度。

4. 灰度色彩模式

灰度色彩模式是用 0~255 种灰度值来表现图像中像素颜色的一种色彩模式，该模式可以使图像的过渡更加平滑细腻，也是一种能让彩色模式转换为位图和双调图的过渡模式。彩色模式转换为灰度模式后，彩色将丢失，且不可恢复。

5. 网页安全色

在网页中，能够被正常显示的颜色只有 256 色。由于目前的浏览器使用了 256 色中的 40 种颜色，所以这 40 种颜色不再用于网页设计，剩余的 216 种颜色被称为网页安全色。使用网页安全色来设计网页，可以保证网页在各种浏览器和计算机平台上表现出一致的外观。

1.3 基本操作

1.3.1 认识 Fireworks CS6 的工作界面

单击【开始】/【程序】/【Adobe】/【Adobe Fireworks CS6】命令启动 Fireworks CS6 软件，如图 1-1 所示。

Fireworks CS6 的工作界面主要由标题栏/菜单栏、常用/修改工具栏、绘图工具箱、编辑窗口及多个浮动面板组成。Fireworks CS6 的界面把标题栏与菜单栏和视图工具合在一起，使得界面整体感觉更为人性化，工作区域进一步扩大。

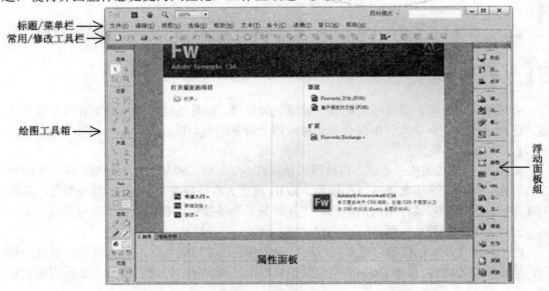

图 1-1 【Fireworks CS6】工作界面

单击标题栏右上角的【展开模式】按钮，可以快速更换界面右侧的浮动面板的外观模式。

编辑窗口是用户使用 Fireworks 进行创作的主要工作区。文档编辑窗口顶部有 4 个选项卡，用于控制文档编辑窗口的显示模式。

1.3.2　菜单的使用

Fireworks CS6 菜单的使用方法与其他 Windows 应用软件完全一致。在此不再赘述。

1.3.3　工具箱的使用

Fireworks CS6 的工具箱通常固定在窗口的左边，主要由选择工具、位图工具、矢量工具、网页工具、颜色工具、视图工具组成。那些带有黑色小箭头的工具按钮即是一个工具组，其中包含了一些相同类型的工具，如图 1-2 所示。

1.3.4　修改工具栏的使用

Fireworks CS6 的【修改】工具栏位于常用工具栏的右侧，提供一些常见的图形操作命令，如：群组、对齐、排列以及旋转等，如图 1-3 所示。

在【修改】工具栏中，【上次的对齐方式】功能按钮用于将所选的多个对象按上一次使用的对齐方式进行对齐。

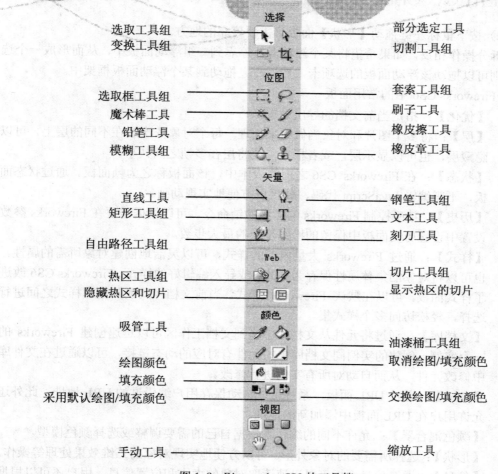

图 1-2　Fireworks CS6 的工具箱

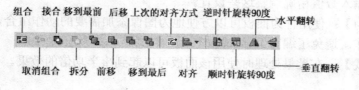

图 1-3　修改工具栏

📖1.3.5　面板的使用

　　Fireworks CS6 中的许多功能是通过面板实现的。面板可以浮动在工作区上,也可以停靠在面板停靠架上。面板集中了很多功能和选项,通过面板可以完成多种设置。

1．分组和移动面板

　　Fireworks 自动把功能相近的面板停靠在同一个面板停靠架上,选择其中一个面板,整个面板停靠架便会一起出现。也可以手动对浮动面板进行停靠和拆分操作。

　　例如要将【形状】面板以选项卡形式从【面板】组合中拆分出来,具体操作如下:

　　(1)将鼠标指针移动到【形状】面板的选项卡页签上。

（2）按下鼠标左键拖动【形状】面板到需要停靠的地方。

与拆分操作相反，如果希望将某个浮动面板停靠到一组浮动面板中，从而形成一个选项卡，则可以拖动该浮动面板的选项卡，然后将之拖动到某个浮动面板框架中。

2．Fireworks CS6 中的常用面板

◆ 【优化】：指定当前文档的导出设置。

◆ 【层】：将多个图片和对象当做组来处理。每个对象依次放在不同的层上，可以隐藏层，也可以显示层，或者根据需要将层在多帧之间共享。

◆ 【状态】：在 Fireworks CS6 之前的版本中，该面板称之为帧面板。通过状态面板，不需编辑 JavaScript 代码，就可以方便地实现动画。

◆ 【历史】：精确控制 Fireworks 的多级撤销命令。可以根据需要在 Fireworks 参数设置中设置历史面板中保留的撤销步数的最大步数。

◆ 【样式】：通过 Fireworks 大量内置的样式，可以灵活地创建对象所需的属性。也可以将对象的集体属性保存为样式，或导入编辑好的样式。Fireworks CS6 改进了样式面板，可以在默认 Fireworks 样式、当前文档样式或其他库样式之间进行选择，轻松访问多个样式集。

◆ 【文档库】：通过将元件从文档库中拖到文档工作区可以迅速创建 Fireworks 的一个实例，创建的实例同文档库中的元件有对应的动态链接，可以通过在文件库中修改元件，从而自动对所有实例进行修改。

◆ 【URL】：通过 URL 面板，系统可以自动保存用户编辑过的 URL 地址。此外还允许用户在 URL 面板中添加新的地址。

◆ 【颜色混合器】：允许不同的编辑者根据自己的需要调整或选择颜色模型。

◆ 【形状】：选择所需要的对象外形。可以方便地实现对象的三维效果处理等操作。

◆ 【信息】：通过信息面板可以迅速读取对象的大小和位置信息，用户还可以根据需要输入数值精确调整这些设置。

◆ 【行为】：使用行为面板可以方便地为图像添加需要的动作组合，并删除不满意的动作。避免了编写 JavaScript 代码。

◆ 【查找】：在批量处理时使用该面板可以起到事半功倍的效果。

1.3.6 文件的操作

在 Fireworks 中创建一个新文档时，其类型为 PNG 图像。用户也可以将编辑的文档以其他格式导出，如 JPEG、GIF 等。Fireworks 还可以导入 Photoshop、Freehand、Illustrator、CorelDraw 等图像编辑软件编辑的图像。还能从扫描仪或数码相机中直接导入文件。

1．新建文件

选择菜单栏【文件】/【新建】命令，在弹出的【新建文档】对话框中设置文档的各项参数后，即可新建一个 PNG 文档。【新建文档】对话框中各项属性的含义如下：

◆ 宽度/高度：画布的宽度/高度值，在右边的下拉列表框中可以选择单位。

◆ 分辨率：图像的分辨率，在右边的下拉列表框中可以选择分辨率的单位。

◆ 画布颜色：设置需要的画布颜色，有三种设置方式：

    ➢ 白色：使用白色作为画布颜色。

    ➢ 透明：将画布颜色设置为透明，当图像放在到有背景图案的网页中时，图像背景不会遮挡网页背景。

    ➢ 自定义：从右方的颜色弹出窗口中选择需要的画布颜色。

设置完毕，单击【确定】按钮，即可创建一个空白的 PNG 文档。

Fireworks CS6 内置了 5 种不同类型的模板：文档预设、网格系统、移动设备、网页和线框图。使用模板，用户能够快速创建相应的应用，减少二次开发，提高效率。此外，用户还可以将常用的文档结构保存为可与设计小组共享的模板。

在【新建文档】对话框中，单击左下角的【模板】按钮，即可打开【通过模板新建】对话框，在弹出的对话框中可以选择需要的模板文件。

2．打开、保存、关闭文档

如果要编辑一个已经存在的图像文件，则需要先打开该文件。打开图像文件的操作步骤如下：

（1）单击菜单栏中的【文件】/【打开】命令，或按 Ctrl + O 键。

（2）在【打开】对话框中选择需要打开的图像文件。

（3）单击 打开(O) 按钮，打开所选的图像文件。

当成功地编辑完一幅作品后，可以将它保存起来，在 Fireworks CS6 中有以下三种方法保存文件：

◆ 单击【文件】/【保存】命令，或按 Ctrl + S 键，可以保存图像文件。

◆ 单击菜单栏中的【文件】/【另存为】命令，或按 Shift + Ctrl + S 键，可以将当前的编辑文件按指定的格式换名存盘。

◆ 单击菜单栏中的【文件】/【另存为模板】命令，可以将当前的编辑文件保存为模板。

◆ 单击【文件】/【导出】命令，可以将文件按指定的方式保存。

在 Fireworks CS6 中，可以用以下两种方法关闭文件：

◆ 单击文件窗口上的 ✕ 按钮。如果文件未保存，系统会出现保存文件的提示信息。

◆ 单击菜单栏中的【文件】/【关闭】命令，或按 Ctrl + W 键关闭当前文件。

3．修改文档属性

很多时候需要对新创建的文档的属性进行编辑，使创建的文档的大小、颜色和分辨率等属性满足需要。

画布的大小决定了图像可以存在的空间大小。Fireworks 允许在任意时刻修改画布的大小，方法如下：

（1）执行【修改】/【画布】/【画布大小】命令打开【画布大小】，如图 1-4 所示。

（2）在【新尺寸】区域输入画布新的高度和宽度值，从下拉列表中选择数值的单位。

（3）【锚定】区域中的按钮表示画布扩展或收缩的方向，默认状态下是中间的按钮被按下，表明画布向四周均匀扩展或收缩，也可以根据需要，单击相应的方向按钮。

（4）Fireworks CS6 支持在单个 PNG 文件中创建多个页面，所以，如果只要改变当前页面的大小，则须保留选中【仅限当前页】选项。如果要修改当前文档中所有页面的大小，则取消选中该复选框。

第 1 章　初识 Fireworks CS6

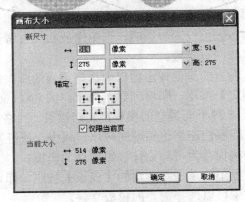

图 1-4 【画布大小】对话框

（5）设置完毕，单击【确定】按钮。

此外还可以使用工具栏中的裁切工具 ⬚ 改变画布的大小。在文档中拖动鼠标勾绘出整个文档的裁切边框后，双击鼠标即可将画布改变为裁切框所包围的大小，如图1-5 所示。

图 1-5 通过裁切工具改变画布大小

> **注意:**
>
> 在重设画布大小时，画布大小变化等同于文档大小的变化，但是不等同于文档中图像对象的大小变化。也就是说改变画布大小仅改变画布的大小，画布上所绘制的图像比例并不改变。

Fireworks 还允许改变画布的颜色，例如，可以将透明的画布变为有色，或是将有色的画布变为透明。改变画布颜色的具体操作如下所示：

（1）选择【修改】/【画布】/【画布颜色】命令打开画布颜色对话框。

（2）根据需要在对话框中选择新的画布颜色。

（3）设置完毕，单击【确定】，完成修改画布的颜色。

有时候可以根据需要将画布旋转，此时的具体操作如下：

（1）选择菜单【修改】/【画布】命令。

（2）根据需要选择二级菜单中的不同选项。

图 1-6 显示了三种画布旋转的结果。第一幅是原始图，第二幅是旋转 180°，第三幅为顺时针旋转 90°，第四幅为逆时针旋转 90°。

图 1-6　旋转画布

在画布上绘制图像时，有时会出现画布与对象大小不匹配的情况。如，图像对象绘制在画布中的某个局部位置，而四周都是画布，显得很不协调。这时就需要调整画布，使其刚好容纳所画的图像。

Fireworks 修剪画布的具体操作如下：

（1）选择【修改】/【画布】/【修剪画布】命令。画布的大小自动被缩小，直至刚好容纳图像内容，如图 1-7 所示。

图 1-7　修剪画布

（2）选择【符合画布】命令可以使较小的画布适应较大的图像范围，如图 1-8 所示，第一幅图为在较小的画布上移动对象，而第二幅图显示了【符合画布】之后的效果。

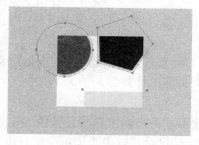

图 1-8　符合画布

> **注意：**
> 只能将画布从大至小进行修剪，而不能将画布从小至大进行修剪。

1.3.7　导入图像

在 Fireworks 中可以把在其他软件中绘制的对象、文本以及来自扫描仪或者数码相机的图像导入进来。导入图像的步骤如下：

（1）选择【文件】/【导入】命令。

（2）在导入文件对话框中选择需导入的文件，单击【打开】按钮。

（3）在文档窗口拖动鼠标指针，出现一个虚线矩形框，如图 1-9 所示。松开鼠标，图片被导入到矩形框中。导入图片大小、位置和尺寸由拖动产生的矩形框决定，如图 1-10 所示。

图 1-9　拖动导入指针　　　　　　　　　　图 1-10　导入图片

用户也可以直接在文档编辑窗口中单击鼠标，图片也能被导入。单击的位置即为图片左上角的位置，图片的大小不变，保持原尺寸。

此外，Fireworks 支持从扫描仪或数码相机中直接导入图像。导入的图像以新文档的形式打开。选择菜单栏【文件】/【扫描】命令，就可以很方便地扫描所需的图像。由于此设置与扫描仪的驱动以及参数设置密切相关，在此不一一叙述。

1.3.8　辅助设计工具的使用

Fireworks CS6 为我们编辑网页图像提供了极为方便的辅助工具，例如：标尺、辅助线、网格等，使用它们可以使操作更加精确，大大提高工作效率。

1. 标尺

使用标尺可以帮助我们在图像窗口的水平和垂直方向上精确设置图像位置。不管创建文档时所用的度量单位是什么，Fireworks 中的标尺总是以像素为单位进行度量。

单击【视图】/【显示标尺】或【隐藏标尺】命令，可以显示或隐藏标尺。

2. 辅助线

使用辅助线可以更精确地排列图像，标记图像中的重要区域。常用的辅助线操作有添加、移动、锁定、删除等。

◆ 在显示标尺的状态下，将光标指向水平标尺，按住鼠标向下拖曳可以添加一条水平辅助线；将光标指向垂直标尺，按住鼠标向右拖曳可以添加一条垂直参考线，如图 1-11 所示。

图 1-11 拖出两条辅助线

◆ 将光标移动到辅助线上，光标变为双向箭头形状，此时拖曳鼠标可移动辅助线；如果要将辅助线精确定位，可以双击辅助线，在弹出的对话框中输入辅助线的具体位置，即可将该辅助线移到指定的位置，如图 1-12 所示。

图 1-12 "移动辅助线"对话框

◆ 如果将辅助线拖曳至窗口以外，则删除该辅助线。在 Fireworks CS6 中，读者还可以选择菜单栏【视图】/【辅助线】/【清除辅助线】命令，一次删除画布中的所有辅助线。

◆ 单击【视图】/【辅助线】/【锁定辅助线】命令，辅助线被锁定，不能再移动。

◆ 单击菜单栏中的【视图】/【辅助线】/【对齐辅助线】命令，可以使图像或选择区域自动捕捉距离最近的辅助线，实现对齐操作。

◆ 重复执行菜单栏中的【视图】/【辅助线】/【显示辅助线】命令，可以显示或隐藏辅助线。

◆ 选择【编辑】/【首选参数】/【辅助线和网格】命令，在弹出的如图 1-13 所示的【首选参数】对话框中可以设置辅助线的各项参数，包括辅助线的颜色等。

◆ 单击【视图】/【9 切片缩放辅助线】/【锁定辅助线】命令，9 切片缩放辅助线被锁定，不能再移动。

◆ 使用 9 切片缩放辅助线可以在缩放标准对象或元件时，最好地保留对象指定区域的几何形状，辅助线之外的部分（如对象的四个角）在缩放时不会变形。

- ◆ 智能辅助线是临时的对齐辅助线，可帮助用户相对于其他对象创建对象、对齐对象、编辑对象和使对象变形。
- ◆ 在菜单栏中选择【视图】/【智能辅助线】/【显示智能辅助线】菜单命令，可激活智能辅助线。
- ◆ 在菜单栏中选择【视图】/【智能辅助线】/【对齐智能辅助线】菜单命令，可使图像或选择区域自动捕捉距离最近的智能辅助线。
- ◆ 执行【编辑】/【首选参数】/【辅助线和网格】命令，在弹出的面板中可以更改智能辅助线出现的时间、方式和颜色。

默认情况下，显示并对齐辅助线和智能辅助线，且智能辅助线显示为洋红色（#ff4aff）。

3. 网格

网格是文档窗口中纵横交错的直线，通过网格可以精确定位图像对象。

- ◆ 选择【视图】/【网格】/【显示网格】命令即可在文档编辑窗口中显示网格，如图 1-14 所示。与 Fireworks 早期版本的实线网格不同，Fireworks CS6 的网格使用虚线和颜色较浅的默认网格颜色。

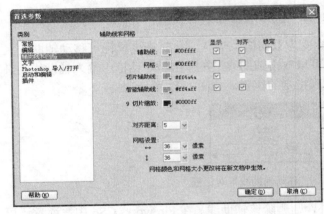

图 1-13　【首选参数】对话框　　　　　　图 1-14　显示了网格的文档编辑窗口

- ◆ 选择【视图】/【网格】/【对齐网格】命令，在文档中创建或移动对象时，就会自动对齐距离最近的网格线。
- ◆ 选择【编辑】/【首选参数】/【辅助线和网格】命令，在弹出的【首选参数】对话框中可以设置网格的参数。【↔】设置网格线的水平间距，单位为像素。【↕】设置网格线的垂直间距。

1.4　本章小结

本章阐述了网页图像处理过程中涉及到的图像与色彩知识，同时概括性地介绍了 Fireworks CS6 的工作环境与基本操作。Fireworks CS6 是一款功能十分强大的网页图像处理软件，关于更深入的内容与使用技巧，将在后面的章节中逐步深入地进行阐述。希望读者能够透彻理解本章的基本概念，灵活掌握基本操作，为今后的深入学习打下牢固的基础。

1.5　思考与练习

1．Fireworks CS6 的工作界面是由标题栏、_____、_____ 、_____、_____、状态栏及图像窗口等部分组成。

2．常见的色彩模式有_____色彩模式、_____色彩模式、_____色彩模式和_____。

3．修改画布大小是否对图像大小有影响？

4．导入图片时，可以直接在画布上单击导入，也可以用鼠标在画布上拖出矩形框导入，这两种方式有什么区别？

5．如何使画布上的对象自动吸附到辅助线？

6．动手试一试组合、拆分面板。

第 2 章　绘制图像

本章导读

　　在处理网页图像的过程中，绘制图像是最基础的操作。Fireworks CS6 提供了非常便捷的绘图功能。在 Fireworks CS6 中，用户可创建和编辑两类对象：矢量对象和位图对象。在实际操作中，通常先创建和编辑矢量对象，然后应用位图效果，最后生成需要的图像文件。

　　本章重点介绍各种绘图工具的使用方法与技巧，希望读者朋友在学习的过程中多加体会，让 Fireworks CS6 真正成为您处理网页图像的得力助手。

　📖 形状工具

　📖 自由路径

　📖 笔触和填充

　📖 位图选择工具

2.1 矢量对象

矢量对象的绘制和操作是 Fireworks CS6 工作的重点。和位图图形不同的是，矢量图形对象具有一些特殊的概念，如矢量图形对象的基本组成元素是路径，并且路径又具有中心点和方向等属性。在编辑矢量对象时，Fireworks CS6 会自动生成路径和路径点。

2.1.1 形状工具的使用

在 Fireworks CS6 中，可以直接使用形状工具绘制一些基本图形，如矩形、椭圆、直线等。默认情况下，绘制出来的图形以前景色填充，当然，我们可以任意修改它的颜色，甚至可以填充渐变色、样本图案等。

形状工具组中有 17 种形状工具，即如图 2-1 所示的形状工具组和直线工具 。

使用形状工具绘制图形的一般步骤如下：

（1）单击工具箱中的【矩形】工具按钮 ，弹出如图 2-1 所示的下拉菜单，从中选择一种形状工具。

（2）在【属性】面板中设置填充和笔触样式、混合模式、不透明度等选项。

（3）在图像窗口中拖曳鼠标，即可绘制所需的图形。

图 2-1　形状工具组

> **提示：** 使用矩形、圆角矩形、椭圆工具绘制图形时，按住 Shift 键的同时在图像窗口中拖曳鼠标，可绘制出正方形、圆角正方形、圆；如果使用的是直线工具，按住 Shift 键，则可以绘制出水平、垂直或 45° 的直线。

Fireworks CS6 形状工具组中还有两个实用的工具——度量工具和箭头线工具。

使用度量工具可以测量指定对象或区域的尺寸。度量工具的具体使用方法如下：

（1）打开需要测量的图像素材。对于 Fireworks 以往的版本而言，在没有去掉图像背景并且把图像选取下来之前，测量位图的宽/高是非常麻烦的。而在 Fireworks CS6 中可以轻松实现。

（2）在【矩形】工具组中选择【度量】工具 ，在需要测量的图像（如位图中的花朵，而非位图）的左上角的位置开始按住鼠标左键，向右下角的方向拖拽鼠标，一直拖拽到需要测量的物体的右下角。

（3）释放鼠标。此时，位图上将显示被测量图像左上角到右下角的长度，所拖拽范围的尺寸将显示在属性面板上的【宽】和【高】文本框中。

使用箭头线工具可以绘制箭头线，拖动箭头线两头的黄色控点，可以调整箭头线的大小和方向，在【自动形状属性】面板中还可以调整箭头线两个标头的样式。

2.1.2 形状工具使用实例——夜空

下面我们将利用形状工具绘制一幅夜空图。具体步骤如下：

01 新建一个 PNG 文档。

02 选择【修改】/【画布】/【画布颜色】命令，在弹出的对话框中选中【自定义】，在颜色井中选择黑色。

03 选中工具箱中的【椭圆】工具，单击【属性】面板上的【渐变填充】按钮，在弹出的面板中设置其渐变方式为【放射状】，第一个游标选中黄色，第二个选中白色；无笔触颜色；边缘为【羽化】，羽化值为3。

04 按住 Shift 键在画面上拖动鼠标绘制月亮，如图 2-2 所示。

05 选中工具箱中的【星形】工具☆，单击【属性】面板上的【实色填充】按钮□，然后使用滴管选取白色，无笔触颜色，边缘为【羽化】，羽化值为2。

06 在画面上拖动鼠标绘制星星，如图 2-3 所示。

图 2-2　图像效果

图 2-3　图像效果

07 打开【自动形状属性】面板，将星形的点改为 4，并设置半径和圆度，如图 2-4 所示。

08 同理，绘制其他星星。最终效果图如图 2-5 所示。

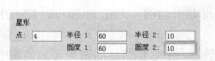

图 2-4　【自动形状属性】面板

图 2-5　图像效果

2.1.3 自由路径

Fireworks 中将任意形状的路径称为自由路径，它也是矢量图的基本组成部分。通常我们使用铅笔、刷子、钢笔工具来绘制自由路径。

1．铅笔工具

使用【铅笔】工具 ✐ 可以绘制一个像素宽的矢量路径。用铅笔工具绘制自由路径的方法如下：

（1）单击工具箱【位图】栏的【铅笔】工具按钮 ✐ 。

（2）在文档编辑窗口按住并拖动鼠标，即可绘制出任意形状的路径。如果按住 Shift 键，可使绘制的线条为水平或竖直状态。

（3）在路径结束位置释放鼠标，即可完成路径的绘制。如果希望绘制闭合路径，则将鼠标指针移动到起始点附近，当指针右下角出现黑点时释放鼠标即可。

2．刷子工具

使用【刷子】工具 ✐ 可以绘制任意宽度、任意形状的自由路径，方法如下：

（1）单击工具箱【位图】栏的【刷子】工具按钮 ✐ 。

（2）在【属性】设置面板设定刷子工具的属性参数。其中需要设置的属性主要有：

◆ ✐ ▣ `1` ▾ `柔化图形` ▾ ：在颜色井中选择路径的颜色；第 1 个下拉列表用于指定路径的宽度，单位是像素；第 2 个下拉列表用于设置路径的描边种类。

◆ 【边缘】：笔尖的柔和度。单位是%，范围是 0～100。

◆ 【纹理】：路径的质地纹理。

◆ 【保持透明度】：选中该项可以限制刷子工具，只能在有像素的区域绘制路径，不能进入图像中的透明区域。

（3）在文档编辑窗口按住并拖动鼠标，即可绘制出任意形状的路径。如果按住 Shift 键，可使绘制的线条为水平或竖直状态。

下面以一个简单的例子说明画笔的使用。具体步骤如下：

01 选中工具箱中的刷子工具。

02 在属性面板中设置画笔的颜色为橙色，笔尖大小为 30，描边种类为【随机】/【正方形】，边缘大小为 100，如图 2-6 所示。

03 在画布上随机拖动画笔。此时的效果如图 2-7 所示。

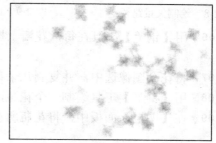

图 2-6　属性设置　　　　　　　　　　　图 2-7　图像效果

3．【钢笔】工具

使用【钢笔】工具可以很方便地绘制各种矢量路径。

（1）单击工具箱【矢量】栏钢笔工具组的【钢笔】工具按钮 ♤ 。

（2）在【属性】设置面板设定【钢笔】工具的属性，各属性的含义与刷子工具相同。

（3）在文档编辑窗口中绘制路径，先在路径的起始位置单击鼠标，添加第一个路径点。

（4）将鼠标移到下一个路径点的位置，按住鼠标添加新路径点，此时会出现一条连接两个路径点的曲线。拖动鼠标调整曲线形状，调整完毕释放鼠标即可。释放鼠标前在路径点上还有一条直线，该直线表示曲线在该点位置的切线。

（5）为自由路径添加新路径点。

（6）在路径的终点处双击鼠标，完成路径的绘制。如果绘制的是闭合路径，则将鼠标移到路径的起始位置单击即可。

对于已绘制好的自由路径，使用【钢笔】工具还可调整其形状。将鼠标移到自由路径的路径点上，按住并拖动鼠标，即可调整路径的形状。

2.1.4 自由路径工具使用实例——鲜花

下面将使用自由路径工具中的钢笔工具绘制一幅鲜花图。具体步骤如下：

01 新建一个白色的画布。

02 选择工具箱中的【钢笔】工具，在画布上绘制一个六边形，如图 2-8 所示。

03 使用钢笔工具在六边形的每条边上单击，增加一个路径点。

04 调整路径点。用【部分选定】工具将每条边上新增的路径点拖到中心位置，然后用钢笔工具调整路径的弧度，如图 2-9 所示。

05 在属性面板上设置路径的填充方式为【渐变】/【放射状】，第一个游标颜色为桔黄色，第二个游标为白色；无笔触颜色。填充后的路径如图 2-10 所示。

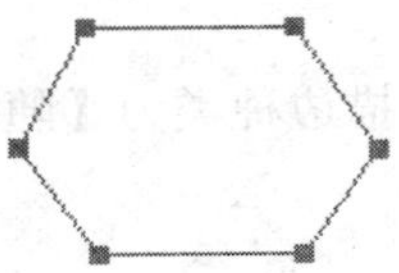

图 2-8　绘制矢量路径

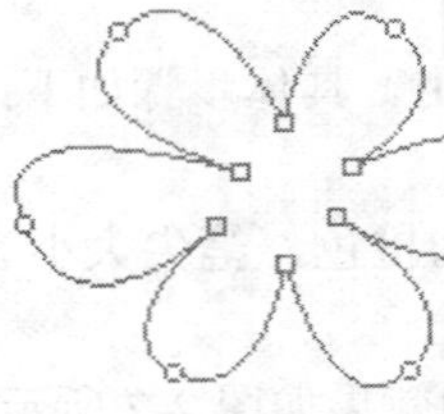

图 2-9　调整路径

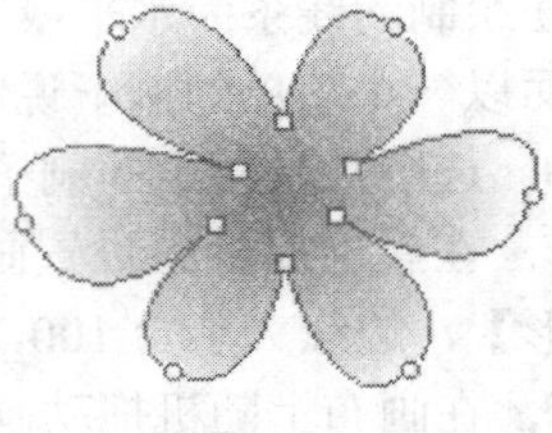

图 2-10　填充效果

06 用【钢笔】工具在每片花瓣上根据花瓣的伸展方向绘制一条曲线，如图 2-11 所示。

07 将花朵图像选中，并复制几朵花，改变花的颜色和大小，如图 2-12 所示。

08 用【钢笔】工具绘制一个花瓶，填充为【渐变】/【线性】。

09 在【图层】面板中，将花瓶所在层拖放在最底层，如图 2-13 所示。

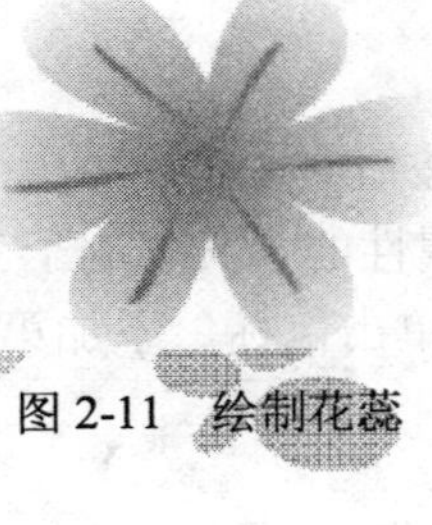

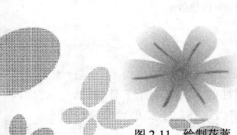

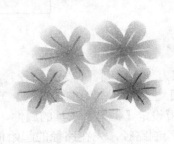

图 2-11　绘制花蕊

图 2-12　改变图像颜色

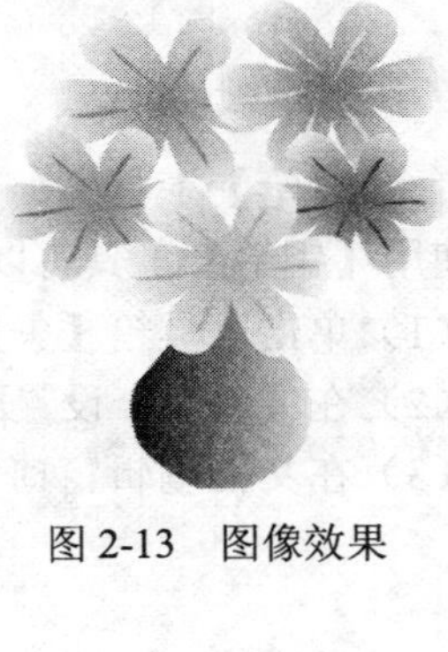

图 2-13　图像效果

2.1.5 笔触

笔触的设置是在【属性】设置面板中完成的。选中需要设置笔触的对象，可以在【属性】设置面板中看到用于笔触设置的各项属性，如图 2-14 所示。

在 Fireworks CS6 种，共有 13 种笔触类型可供选择。

图 2-14　笔触选项

◆ 【无】：表示不设置笔触。
◆ 【铅笔】：铅笔笔触没有任何修饰，是 Fireworks 默认的笔触类型，共有 4 种。
➤ 【1 像素硬化】：绘制硬线条时使用，有可能产生锯齿。
➤ 【1 像素柔化】：绘制软线条时使用，不会产生锯齿效果。
➤ 【彩色铅笔】：绘制 4 像素宽的彩色线条，根据压力和速度调整线条粗细和色泽。
➤ 【石墨】：绘制 4 像素宽具有石墨纹理的线条。
◆ 【基本】：基本笔触默认宽度为 4 个像素，共有 4 种。
➤ 【实线】：绘制线条端点处为直角的硬线。
➤ 【实边圆形】：绘制线条端点处为圆角的硬线。
➤ 【柔化线段】：绘制端点处为直角的平滑软线。
➤ 【柔化圆形】：绘制端点处为圆角的平滑软线。
◆ 【喷枪】：使用喷枪笔触，可以显示出绘制速度和压力大小，共有两种喷枪笔触。
➤ 【基本】：使用单一喷枪颜色。
➤ 【纹理】：使用单一喷枪颜色，喷绘的笔触中带有纹理图案。
◆ 【毛笔】：使用书法笔触，在弯曲处会自动调节笔触宽度，并能根据速度和压力调节笔触颜色深度，很像美工笔绘制的效果。书法笔触共有 5 种。
➤ 【竹子】：普通毛笔效果。
➤ 【基本】：排笔效果。
➤ 【羽毛笔】：羽毛效果。
➤ 【缎带】：飘带效果。
➤ 【湿】：与飘带效果很类似，颜色较浅。
◆ 【炭笔】：炭笔笔触，带有颗粒状纹理，有油脂效果。碳笔笔触共有 4 种。
➤ 【乳脂】：油脂效果。
➤ 【彩色蜡笔】：油蜡效果。
➤ 【柔化】：柔和的油脂效果。
➤ 【纹理】：具有纹理的碳笔笔触。
◆ 【蜡笔】：蜡笔笔触，边缘有蜡笔效果。共有 3 种。
➤ 【基本】：基本的蜡笔效果。
➤ 【加粗】：生成明显的断裂边缘，给人以粗陋的感觉。
➤ 【倾斜】：比【基本】效果粗厚些。
◆ 【毛毡笔尖】：轻柔的毡尖笔效果，共有 4 种。
➤ 【加亮标记】：用于标记背景，不柔化边缘。
➤ 【荧光笔】：高亮度标记，可以看到背景图案，笔尖为矩形。

➢ 【暗色标记】：高亮度标记，可以看到背景图案，笔尖为斜线形。

➢ 【变细】：用于勾画背景，笔触很细。

◆ 【油画效果】：油彩效果笔触，共有 5 种。

➢ 【毛刷】：笔触粗厚，使用颗粒纹理填充。

➢ 【大范围泼溅】：广阔泼溅效果，四周有很多斑点，范围较大。

➢ 【泼溅】：泼溅效果，范围较小。

➢ 【绳股】：绳索效果。

➢ 【纹理毛刷】：羽毛效果，笔触中带有纹理。

◆ 【水彩】：水彩笔触，根据绘制时的速度自动调节线条颜色和亮度。共有 3 种。

➢ 【加重】：笔触浓且厚重，颗粒感较强。

➢ 【加粗】：与【加重】相似，具有柔化的边缘。

➢ 【变细】：笔触细微。

◆ 【随机】：模拟现实生活中物品效果，共有 5 种。

➢ 【五彩纸屑】：模拟纸屑效果。

➢ 【点】：模拟像素点效果。

➢ 【毛皮】：模拟动物绒毛效果。

➢ 【正方形】：笔触由一些矩形方块组成。

➢ 【纱线】：模拟纱线效果。

◆ 【非自然】：异常笔触效果，共有 9 种。

➢ 【3D】：三维效果。

➢ 【3D 光晕】：三维发光效果。

➢ 【变色效果】：变色效果。

➢ 【流体泼溅】：带有颜色反差的泼溅效果。

➢ 【轮廓】：空心轮廓效果。

➢ 【油漆泼溅】：油漆泼溅效果。

➢ 【牙膏】：牙膏效果。

➢ 【有毒废物】：污染物效果。

➢ 【粘性异己颜料】：黏稠油漆效果。

◆ 【虚线】：破折线效果，共有 6 种。

➢ 【三条破折线】：由一条短折线和两点的组合形成的破折线效果。

➢ 【加粗破折线】：由短折线组成的破折线效果。

➢ 【双破折线】：由短折线和点交替形成的破折线效果。

➢ 【基本破折线】：与【加粗破折线】相似，短折线更密集。

➢ 【实边破折线】：与【基本破折线】相似，笔触更厚重。

➢ 【点状线】：点状破折线效果。

2.1.6　笔触使用实例——蓝天白云

01 打开一幅背景图片，如图 2-15 所示。

图 2-15　图像效果

02 在【图层】面板中单击【新建/重制层】按钮 和【新建位图图像】按钮 ，新增一个图层及其位图子层。

03 选择工具箱中的【刷子】工具，在【属性】面板中设置其笔触颜色为白色，笔尖大小为 5，描边种类为【铅笔】/【1 像素柔化】。

04 在图像上随意地绘制一些线条，如图 2-16 所示。

05 选中位图子层中的线条。

06 在【属性】面板中选择【滤镜】/【模糊】/【高斯模糊】命令，在弹出的对话框中设置模糊半径为 10。最终的效果如图 2-17 所示。

图 2-16　绘制线条

图 2-17　图像效果

2.1.7　填充效果

对象的填充效果也是在【属性】设置面板中设置的，如图 2-18 所示。

Fireworks 使用的填充类型共有 5 种：

◆ ：没有任何填充颜色。

◆ ：实心填充。使用单一填充色进行填充。

◆ ：渐变填充。用两种或两种以上的颜色的渐变进

图 2-18　填充效果选项

行填充, 如图 2-19 所示。

图 2-19 渐变填充效果

◆ 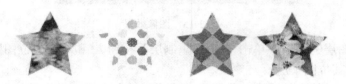: 使用图案填充, 如图 2-20 所示。

图 2-20 图案填充效果

◆ █▌: 渐变抖动。当填充色不属于网络安全色时, 可以使用这种方式, 将两种网络安全色合成该色。

2.1.8 填充效果实例——彩虹

01 打开一幅风景图片, 如图 2-21 所示。

02 新建一个位图层。选中工具箱中的【渐变】工具█。

03 在渐变工具的【属性】面板上, 设置填充方式为【渐变】/【放射状】; 单击鼠标在色带上添加 3 个游标, 并将第 1 个游标颜色设为黑色, 第 2 个为绿色, 第 3 个黄色, 第 4 个为红色, 第 5 个为黑色, 且 5 个游标均靠右排列。

04 在画布上距画布底端四分之一的位置向下拖动渐变工具, 得到彩虹的图形。

图 2-21 图像效果

05 选中彩虹, 在属性面板上选择【滤镜】/【模糊】/【高斯模糊】命令, 设置模糊半径为 10。此时彩虹的效果如图 2-22 所示。

06 选中彩虹所在的图层，在【属性】面板上设置其混合模式为【屏幕】。最终效果如图 2-23 所示。

图 2-22 彩虹效果   图 2-23 图像效果

2.2 位图对象

Fireworks 提供了很多位图处理工具，使用这些工具可以很方便地对位图图像进行绘制、修改等处理。

2.2.1 创建位图图像

处理位图前应先创建一幅位图，除了打开、导入位图图像外，还有下面几种方法：
◆ 选择菜单栏【编辑】/【插入】/【空位图】命令，可以创建一幅新的位图。
◆ 选中矢量对象，选择菜单栏【修改】/【平面化所选】命令，即可将该对象转化为位图图像。
◆ 使用选取、魔术棒或套索工具将位图的某部分复制到现有文档中。

2.2.2 选取位图区域

在位图的处理操作当中，选择像素是最基本的操作，在 Fireworks CS6 中提供了多种选择工具，可以很方便地选择位图像素。选择像素的工具主要有【选取框 [] 】、【椭圆选取框 ○】、【套索 ○】、【多边形套索 ☑】和【魔术棒 ☒】工具。

当选中某一像素区域后，在选中的区域四周会出现一个闪烁的虚线边框，称之为选取框，可以通过拖动被选中的像素区域来改变它在图像中的位置。

1. 规则区域的选取

用户可以通过矩形选取框 [] 和椭圆选取框 ○ 对图像进行选取。按住 Shift 键可以选择正方形和圆形的图形区域，而且按住 Shift 键可以使多个选择区域进行叠加。如果不按住 Shift 键，在选择新的区域的时候，将会使原来所选的区域取消。多重选取的效果如图 2-24 所示。

图 2-24 多重选取效果图

在选取的过程中，用户可以在属性窗口中设置选择的属性。【样式】可以控制选取框中像素内容的大小；【边缘】可以设置选取框中选中像素区域的边界效果。在【样式】下拉式菜单中包含三个选项。

◆ 【正常】：在图像中拖动鼠标生成的矩形或椭圆的外切矩形的高度和宽度是互不相关的，所有使用该命令创建的矩形是自由的矩形，其高度和宽度不受任何限制。

◆ 【固定比例】：选取框的高度和宽度约束为已定义的比例。

◆ 【固定大小】：选取框大小是固定的，高度和宽度为在【样式】下边的文本框中定义的尺寸。需要注意的是其单位为像素。

在【边缘】下拉式菜单中可以设置选取框的边界效果。

◆ 【实边】：选取框所包含的区域边界不经过平滑处理，对于椭圆选取框来说可能会产生锯齿。

◆ 【消除锯齿】：对选取框所包含的区域边界进行抗锯齿处理，这将会使选中的区域边界更加平滑。

◆ 【羽化】：对选取框所包含的区域边界进行柔化处理。在右边的方框中设置羽化量。用户也可以通过选择【动态选取框】来羽化现有选区。

注意：
　　【边　】下拉菜单中的三种选择效果必须在画布上创建选区之前进行，否则不能其到其特殊的作用。

2．不规则区域的选取

选取不规则的像素区域的工具包括：索套、多边形索套和魔术棒。其中，利用索套工具可以在位图图像上选中任意形状的像素区域；利用多边形索套工具可以在位图图像上选择多边形的像素区域；利用魔术棒工具可以在位图图像上选中带有相同颜色的区域。

◆ 【套索】工具组

（1）单击套索工具组的【套索】工具按钮 。

（2）在属性设置面板内设置套索工具的属性，设置方法与选取框工具相同。

（3）按住鼠标左键，围绕需选取的区域拖动鼠标，出现蓝色轨迹。

（4）释放鼠标，Fireworks 会自动用一条直线将轨迹的起点和终点连接起来，形成一个闭合区域。用户也可将鼠标移到起点附近，当鼠标指针右下角出现蓝色小方块时释放。释放鼠标后，蓝色轨迹变成闪烁的虚线选取框。

使用套索工具选取位图区域的效果如图 2-25 所示。

图 2-25　使用套索工具选取位图区域

使用多边形套索工具可在位图图像上选取多边形区域，效果如图 2-26 所示。方法如下：

（1）单击套索工具组的【多边形套索】工具按钮 。

（2）在【属性】设置面板内设置【多边形套索】工具的属性，设置方法与选取框工具相同。

（3）在位图图像上多边形起始点位置单击鼠标，移动鼠标，可以看见一条蓝色直线。

（4）在多边形的其他顶点位置单击鼠标，设置完毕后双击鼠标。

图 2-26　使用多边形套索工具选取位图区域

◆　【魔术棒】工具

使用【魔术棒】工具可以选取位图图像中颜色相同的区域，使用方法如下：

单击工具箱【位图】栏的【魔术棒】工具按钮 ，鼠标指针变成魔术棒形状 。

（1）在【属性】设置面板上设置【魔术棒】工具的属性值。其中，【容差】属性值用于设置魔术棒工具选取像素点时相似颜色的色差范围。

（2）在位图图像上相应位置单击鼠标，即可选中相似颜色的区域。

（3）选择菜单栏【选择】/【选择相似颜色】命令，可选取位图上该颜色的所有区域。

使用魔术棒工具选取位图中的红色区域的效果如图 2-27 所示。

图 2-27　使用魔术棒工具选取位图区域

2.2.3 选取工具的使用实例——沙漠之花

01 打开一幅花朵的图片，如图 2-28 所示。

02 用多边形套索工具 选取花，如图 2-29 左图所示。

03 执行【选择】/【收缩选取框】命令，在打开的对话框中设置收缩范围为【1 像素】。

04 执行【选择】/【羽化】命令，在打开的对话框中设置羽化半径为【1 像素】。此时的效果如图 2-29 右图所示。

图 2-28 原始图片

图 2-29 选择效果

05 按下 Ctrl + C 键复制选区。

06 打开一幅沙漠的图片，如图 2-30 所示。

07 将复制的选区粘贴到沙漠图上，并调整大小和位置。

08 在属性面板上选择【滤镜】/【调整颜色】/【色相和饱和度】命令，调整花的色相和饱和度，以与沙漠融合。最终效果如图 2-31 所示。

图 2-30 原始图片

图 2-31 最终效果

2.2.4 位图工具的使用

在位图编辑模式下，利用位图工具可以对图像进行绘制、填充、印章、擦除等操作。

1. 绘制和填充

绘制位图图像是使用工具箱上的【铅笔】 和【刷子】工具 完成的，填充位图使用【油漆桶】工具 完成，这几种工具的使用方法可参照矢量工具的使用方法。在此不再赘述。

2．羽化图像

下面以一个简单实例演示羽化图像的具体操作。具体步骤如下：

01 打开 Fireworks CS6 编辑器，打开一个已有的位图文件，选择【魔术棒】工具。在【属性】面板上设定参数如图 2-32 所示。羽化值设定为 5。

02 用鼠标点选图像，将会对其进行合适的选择，效果如图 2-33 所示。

图 2-32　【属性】面板　　　　　　　　　图 2-33　选择效果图

03 选择【编辑】/【剪切】命令，将选择的区域删除，观察羽化的边界效果，如图 2-34 所示。

04 选择【文件】/【新建】命令新建一个画布，然后执行【编辑】/【粘贴】命令，将原来的复制内容粘贴入新的画布，效果如图 2-35 所示。

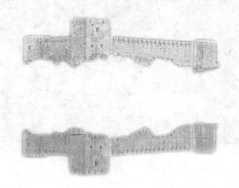

图 2-34　删除效果图　　　　　　　　　图 2-35　粘贴后的羽化效果图

2.2.5　位图工具使用实例——海市蜃楼

01 打开一幅风景图片，如图 2-36 所示。

02 选中工具箱中的【魔术棒】工具或【多边形套索】工具勾选出房子的轮廓。

03 执行【选择】/【羽化】命令，设置羽化半径为 2。

04 执行【选择】/【反选】命令，然后按 Delete 键删除。此时的效果如图 2-37 所示。

05 按下 Ctrl+ C 键复制房子轮廓。

06 打开另一幅风景图片，如图 2-38 所示。

07 按下 Ctrl + V 键粘贴房子轮廓，并调整图片的大小和位置。

图 2-36　原始图片　　　　　　　　　　图 2-37　选择羽化效果

08 选择工具箱中的【橡皮擦】工具，修饰图片的边缘。效果如图 2-39 所示。

09 选择【命令】/【创意】/【自动矢量蒙版】命令，在【线性】区域选择第 3 种渐隐方式，即从上至下渐隐，如图 2-40 所示。

10 单击【应用】按钮。在属性面板上选择【滤镜】/【模糊】/【模糊】命令，使效果更逼真，最终的效果如图 2-41 所示。

图 2-38　原始图片　　　　　　　　　　图 2-39　粘贴效果

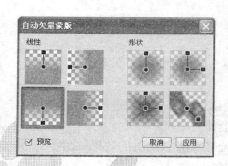 

图 2-40　【自动矢量蒙版】对话框　　　　图 2-41　最终图像效果

2.3 本章小结

　　工具的使用是创作的基础。本章详尽介绍了 Fireworks CS6 工具箱中大部分绘图工具的功能与使用技巧。绘制矢量对象是本章介绍的重点，包括矢量对象的绘制工具，以及各种不同的笔触和填充效果的对比。另外还介绍了选取位图对象的几种方法，以及对位图的一些基本操作。

2.4 思考与练习

1. 简单介绍什么是矢量对象，其特点是什么，与位图对象有什么不同。
2. 什么是自由路径？创建自由路径的工具有哪些？分别如何操作？
3. 构造一个矢量对象，练习各种笔触和填充效果。
4. 怎样创建位图图像？
5. 构造一个位图对象，练习各种选取工具的使用方法。
6. 实现如图 2-42 所示的效果。

图 2-42　图像效果

第 2 章　绘制图像

第 3 章 编辑图像

本章导读

　　绘制基本的图像后，往往还要对图像进行修改编辑以符合使用需要。如：缩放、旋转、自由变形等操作，以及在层面板中对对象的层次进行调整，调整多个对象的混合模式和颜色填充。对象的这些操作是 Fireworks 的学习中最基础的操作，读者应该好好掌握。

　　本章将具体介绍图像编辑的一些基本方法与技巧。

📖 路径修改工具的使用

📖 变形图像

📖 对齐、组合图像

📖 样式的使用

📖 颜色管理

Fireworks CS6中文版标准实例教程

3.1 编辑工具

　　Fireworks CS6 提供了许多编辑图像的工具，利用这些工具可以设计出效果丰富的图像。下面将详细介绍 Fireworks CS6 主要编辑工具的使用方法。

3.1.1 选择对象

　　在 Fireworks 的文档编辑窗口中可以对对象进行各种变换。不过在进行这些变换前，先要选取对象。本节将详细介绍选择对象的基本方法和技巧，这也是后面几章的基础。

　　在 Fireworks 中，主要使用指针工具、选择后方对象工具和次选择工具来选取对象。这三个对象都位于工具箱的【选择】栏中，如图 3-1 所示。其中，指针工具和选择被遮挡工具位于选取工具组内，如图 3-2 所示。

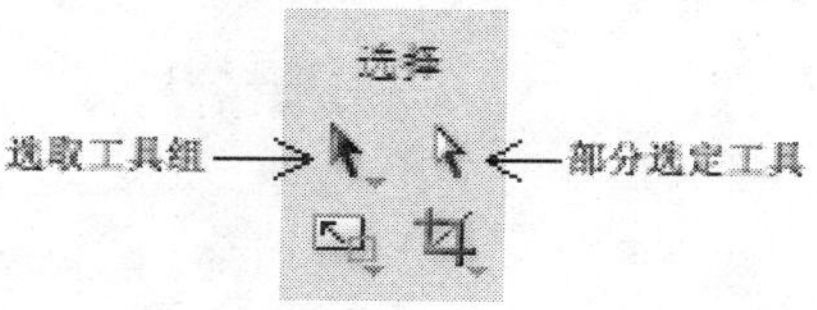

图 3-1　工具箱的【选择】栏 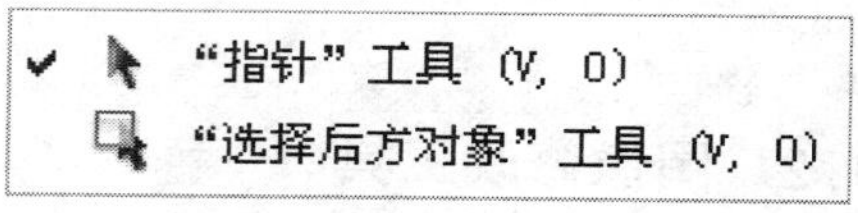　　　　图 3-2　选取工具组

三个选择工具的功能和使用方法如下：

◆　指针：用于选择和移动路径。在使用遮罩选区移动图像或像素时，使用指针工具双击图像可编辑该图像。

◆　选择后方对象：选择当前选定对象下面的对象。

◆　部分选定工具：用于选择或移动路径，选择群组或符号内部的对象，显示或选择路径上的点。

　　使用选择工具，可以选中单个对象，也可以同时选中多个对象，还可以选择被遮挡的对象。选择单个或多个对象的方法与其他应用程序的操作相同，在此不再赘述。下面将详细介绍选择被遮挡对象的方法。

　　矢量对象之间是相互独立的，可以相互重叠，相互遮挡。用户想要选中一个被其他对象遮挡住的对象，例如图 3-3 左图中的苹果，可以采用下面的方法：

　　（1）将鼠标移到工具箱上的选取工具组按钮上，按住鼠标左键，在弹出的选单中选择【选择后方对象】工具。

　　（2）将鼠标移到被遮挡对象上层的对象上。单击鼠标，选中位于上层的对象，此对象的路径显示为蓝色，如图 3-3 左图中的文本。

　　（3）移动鼠标到被遮挡对象区域的上方，被遮挡对象的路径会以红色高亮显示，如图 3-3 右边的示意图所示。单击鼠标，则可选中该对象。此时会自动取消第 2 步对上层对象的选择。

　　（4）以此类推，在堆叠的对象上反复单击【选择后方对象】工具，可以选择位于任何一层的对象。

提示：对于通过堆叠顺序难以到达的对象，也可以在层处于扩展状态时在【图层】面板中单击该对象进行选择。

图 3-3　选择后方对象

3.1.2　图像修改工具

图像修改工具组存放了 8 种编辑工具，如图 3-4 所示。

图 3-4　编辑工具组

1．模糊/锐化

【模糊工具】和【锐化工具】是一对作用相反的编辑工具，使用【模糊工具】可降低图像相邻像素间的对比度，从而产生模糊效果；【锐化工具】用于加深像素之间的反差，从而产生清晰效果。使用【模糊/锐化工具】的具体操作步骤如下：

（1）打开一幅图像，如图 3-5 所示。

图 3-5　打开图像

（2）单击工具箱中的【模糊工具】○或【锐化工具】△。

（3）根据需要在【模糊工具】或【锐化工具】的选项栏中设置合适的参数，如图 3-6 所示。

◆ 【边缘】：笔尖的柔和度。

◆ 【强度】：用于设置模糊或锐化操作的压力大小。

（4）在图像中需要编辑的部分拖曳鼠标，即可模糊或锐化图像，如图 3-7 所示分别是应用了模糊、锐化后的图像效果。

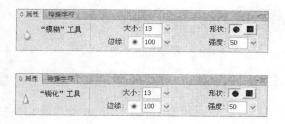

图 3-6 【模糊、锐化工具】属性面板

图 3-7 模糊、锐化后的图像效果对比

2．涂抹

使用【涂抹工具】在图像上拖动鼠标，可以产生涂抹效果，好象用手指在未干的颜料上涂抹一样。使用方法如下：

（1）打开一幅图像，如图 3-8 所示。

（2）单击工具箱中的【涂抹工具】。

（3）在【涂抹工具】的选项栏中设置合适的参数，如图 3-9 所示。

◆ 【压力】：用于设置使用手指工具的压力大小。

◆ 【涂抹色】：指定在每个笔触的开始处涂抹的颜色。如果取消选择此选项，该工具将使用工具指针下的颜色。

◆ 【使用整个文档】：利用所有层上所有对象的颜色数据来涂抹。当取消选择此选项后，涂抹工具仅使用活动对象的颜色。

（4）在图像中拖曳鼠标，即可产生涂抹效果，如图 3-10 所示。

3．减淡/烙印

【减淡】和【加深】工具用于改变图像的亮调与暗调。它们来源于传统摄影中的

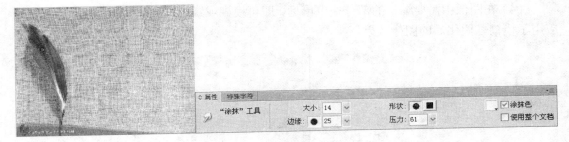

底片局部曝光技术，根据这一原理对图像进行减淡或加深处理。一般【减淡】工具用于改善图像中曝光不足的部分，增加其亮度；【加深】工具用于减弱图像中的过亮部分，使其变暗。使用这两个工具的具体操作步骤如下：

（1）打开一个图像文件，如图 3-11 所示。

图 3-8　原始图片	图 3-9　涂抹工具选项栏

图 3-10　涂抹效果

（2）单击工具箱中的【减淡】工具或【烙印】工具，选择该工具，如图 3-12 所示。

（3）在【减淡】工具或【加深】工具的属性面板中设置合适的参数，如图 3-12 所示。

图 3-11　原始图像

◆ 【范围】：用于确定减淡或加深的不同范围，它有 3 个选项，分别介绍如下：

> ➢ 阴影：更改图像的暗调区。
> ➢ 中间影调：更改图像的半色调区，即暗调与高光之间的部分。
> ➢ 高光：更改图像的高光区。

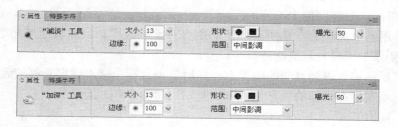

图 3-12　减淡、加深工具选项栏

◆　【曝光】：用于设置减淡或加深操作的曝光程度，值越大，效果越明显。

（4）在图像上拖曳鼠标，即可对图像进行减淡或加深处理，如图 3-13 所示分别为经过减淡与加深处理的图像效果对比。

图 3-13　减淡、加深处理效果对比

4. 橡皮图章

【橡皮图章】工具 类似于日常生活中的印章，可以把吸取的图案复制到其他的图像上，或者说，可以用吸取的图案来画画。使用【橡皮图章】工具编辑图像的方法如下：

（1）打开一个图像文件，如图 3-14 所示。

图 3-14　原始图像

（2）单击工具箱中的【橡皮图章】工具。

（3）在【属性】设置面板上设置橡皮图章的属性，如图 3-15 所示。

◆ 【按源对齐】：不选该项，则锁定采样指针，始终复制第一次单击鼠标位置的图像，可以多次复制同一区域；选中该项，移动鼠标指针时采样指针也随之移动，可以同步复制图像上不同的区域。

◆ 【使用整个文档】：从所有层上的所有对象中取样。当取消选择此选项后，【橡皮图章】工具只从活动对象中取样。

（4）将鼠标移到想要复制的图像上，然后单击鼠标左键以确定复制的起点。

（5）拖动鼠标在图像的任意位置开始复制，如图 3-16 所示。

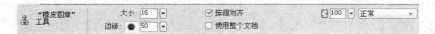

图 3-15　印章工具的属性设置面板

5．替换颜色

【替换颜色】工具 选取一种颜色后，可以在这种颜色的范围内，用类似笔刷的东西涂抹成另一种颜色。使用替换颜色工具的具体操作如下：

（1）打开一个图像文件，如图 3-17 所示。

图 3-16　多次复制同一区域　　　　　　　　图 3-17　原始图像

（2）单击工具箱中的【替换颜色】工具。

（3）在【属性】面板中单击色源 右边的色彩预览框以选取颜色，或在图像中单击以选取要替换的颜色，如图 3-18 所示。

图 3-18　属性参数设置

（4）在【终止】色彩预览框内选择一种颜色，或在图像中选取将用来替换的颜色。在【属性】面板中还可以对笔触的大小、形状、容差和强度进行设置。

◆ 【彩色化】：指用【终止】颜色去替换色源颜色。取消选择【彩色化】以便用【终止】颜色对色源颜色进行涂染，并保持一部分色源颜色不变。

◆ 【容差】：要替换的颜色范围（0 表示只替换色源颜色；255 表示替换所有与色源颜色相似的颜色）。

（5）将该工具拖动到要替换的颜色上进行涂抹，如图 3-19 所示。

图 3-19　替换颜色效果

6. 红眼消除

在一些夜间拍摄的照片中，眼睛是不自然的红色阴影。利用【红眼消除】工具就能轻松解决这个问题。该工具仅对照片的红色区域进行处理，并用灰色和黑色替换红色。

使用红眼消除的具体步骤如下：

（1）打开要编辑的图像，如图 3-20 所示。

（2）选取【红眼消除】工具，并在【属性】面板中设置要替换的色相范围和笔触强度。

（3）在图像中的红眼上单击并拖动十字型指针，如图 3-21 所示。

图 3-20　原始图像　　　　　　　　图 3-21　去除红眼效果

7. 擦除

使用【橡皮擦】工具，可以擦除位图中的像素区域。

（1）打开一幅需要修改的图像文件，如图 3-22 所示。

（2）单击工具箱中的【橡皮擦】工具按钮。

（3）在【属性】设置面板中设置【橡皮擦】工具的属性。

（4）将鼠标移到位图上，按住并拖动鼠标，即可擦除像素区域，如图 3-23 所示。

图 3-22　原始图像　　　　　　　　　　　　　图 3-23　擦除效果

3.1.3　图像修改实例——羽毛

01　打开 Fireworks，新建画布。

02　选择矢量对象的【钢笔】工具，在画布上绘制羽毛的轮廓图，如图 3-24 所示。

03　选中新建的羽毛对象，对路径进行如下填充：单击属性面板上的【实色填充】按钮□，在弹出的颜色选择面板中选择深灰色，边缘选择【消除锯齿】；填充纹理选择【五彩纸屑】，纹理总量为 70%，效果如图 3-25 所示。

04　使用【钢笔】工具在羽毛的中间绘制一条中线，如图 3-26 所示。

图 3-24　羽毛的轮廓　　　　图 3-25　填充后的效果　　　图 3-26　在羽毛中绘制中线图

05　选中新绘制的中线，按 Ctrl+ C 和 Ctrl+ V 键复制选好的中线，并将其向下移动几个像素单位，效果如图 3-27 所示。选中所有对象，羽毛轮廓和新复制的两条中线。选择菜单【修改】/【平面化所选】命令，或按 Ctrl + Shift + Alt + Z 组合键，将矢量对象转换为位图对象。转换为位图对象的效果如图 3-28 所示。

06　选择位图工具栏中的【涂抹工具】，对羽毛位图对象进行如下涂抹设置：在属性面板中，大小选择 10，边缘选择 25；形状选择【圆型】，压力选择 40，涂抹颜色选择灰色。涂抹效果如图 3-29 所示。涂抹一边之后再涂抹另一边，效果如图 3-30 所示。

07　选中羽毛对象，选择菜单【滤镜】/【模糊】/【高斯模糊】命令，打开【高斯模糊】对话框，设置高斯模糊参数为 0.7。高斯后效果如图 3-31 所示。

08　绘制绒毛点。选择位图工具中的【刷子】工具，笔触的形状选择【实边圆型】，宽度选择 5 像素；边缘为 0。在需要的位置上单击鼠标，划出绒毛的轮廓，如图 3-32 所示。

此后选择【涂抹】工具 ✐，使用鼠标拖动产生绒毛效果，如图 3-33 所示。

图 3-27　复制中线后效果　　图 3-28　转化为位图的羽毛对象　　图 3-29　对羽毛的一边进行涂抹的效果

图 3-30　对羽毛进行两边涂抹效果　　图 3-31　进行高斯处理后的效果　　图 3-32　绒毛轮廓

09 绘制羽毛的尖柄末端。使用【矩形】工具，绘制如图 3-34 所示的羽毛尖柄。

10 选中羽毛尖柄对象，在属性面板上单击【渐变填充】按钮，在弹出的面板上设置渐变类型为【线性】；第一个滑标值设置为#666666，第二个滑标的值设为#D4D0C8。最终的效果图如图 3-35 所示。

图 3-33　绒毛效果　　　　　图 3-34　羽毛尖柄效果图　　　　　图 3-35　羽毛效果图

3.1.4　路径修改工具

Fireworks 提供了多种编辑矢量路径的工具。利用这些工具可以通过合并或改变现有路径来创建新形状。

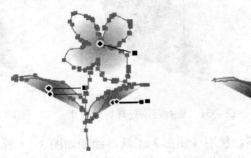 图片内容略

Fireworks CS6 针对基于屏幕的设计，将以往的 Fireworks 版本中就已经存在、用户经常使用的路径修改功能提取出来，集中在路径的属性面板中，例如路径描边、快速组合路径，方便用户的选择和使用，是用户体验上的一个小小的进步。

1．矢量路径

【矢量路径】工具 包含各种刷子笔触类别，每个笔触都包含矢量对象的点和路径。可以使用矢量编辑技术的任何一种来更改笔触形状。更改路径形状后，笔触将被重新绘制。使用矢量路径的步骤如下：

（1）从【钢笔】工具组中选择【矢量路径】工具 。

（2）在属性检查器中设置笔触属性和矢量路径工具选项。

（3）如果需要，可以在属性检查器的【精度】选项中选择数字来更改路径的精度级别。选择的数字越高，出现在绘制的路径上的点数就越多。

（4）拖动鼠标进行绘制。若要将路径限制为水平或垂直线，请在拖动时按住 Shift 键。

（5）释放鼠标结束路径。若要闭合路径，请将指针返回到路径起始点，然后释放鼠标按钮，结果如图 3-36 所示。

图 3-36　矢量路径图

2．重绘路径

使用【重绘路径】工具 可以重绘或扩展所选路径段，同时保留该路径的笔触、填充和效果特性。【重绘路径】工具的使用步骤如下：

（1）从【钢笔】工具组中选择重绘路径工具 。

（2）在属性检查器的【精度】框中设置重绘路径工具的精度级别。

（3）在路径的正上方移动指针。

（4）拖动鼠标重绘或扩展路径段。要重绘的路径部分以红色高亮显示，如图 3-37 右图所示。

（5）释放鼠标按钮。此时重绘的路径如图 3-38 所示。

3．自由变形

【自由变形】工具 可以直接对矢量路径进行弯曲和变形操作。Fireworks 在更改矢量路径的形状时会自动添加、移动或删除路径上的节点。使用【自由变形】工具的步骤如下：

（1）选中想要变换路径的对象，如图 3-39 左图所示。

（2）单击工具箱自由路径工具组中的【自由变形】工具按钮 。

（3）移动鼠标到路径上需要修改的地方，指针右下方出现了一个 S 形曲线。拖动鼠标，即可直接修改路径形状，如图 3-39 右图所示。

图 3-37　重绘路径　　　　　　　　　　　图 3-38　最终效果图

4．更改区域形状

使用【更改区域形状】工具时，该工具的指针是两个同心圆，只有处于这两个同心圆范围内的路径才会被修改。使用更改区域形状的步骤如下：

（1）选中想要变换路径的对象，如图 3-40 左图所示。

（2）单击自由路径工具组中的【更改区域形状】按钮。

（3）将鼠标指针移到需修改路径的附近，指针右下方出现一个空心圆圈。

（4）按下鼠标左键，会生成一个红色的圆圈。在【属性】面板上可以设置红色圆圈的大小。拖动鼠标，路径即会被圆圈所推动，达到推拉路径的效果，如图 3-40 所示。

图 3-39　自由变形　　　　　　　　　　图 3-40　更改区域形状

5．路径洗刷

【路径洗刷】工具只能用在具有压力感应刷子描边的路径上。使用时通过在要修改的路径上不断变化的压力或速度来更改路径的笔触属性。

使用【路径洗刷】工具的步骤如下：

（1）选中想要变换的路径，如图 3-41 所示。

> **注意：**
> 　　　"路径洗刷"工具只能用在具有压力感应刷子笔触的路径上。选中路径后，在属性面板上单击"编辑笔触"按钮，在弹出的"编辑笔触"对话框中单击"敏感度"选项卡，即可在"影响因素"区域设置笔触压力感应。

（2）单击工具箱中自由路径工具组中的【路径洗刷】工具或。

（3）在【属性】面板中设置工具的压力、速度和比率。

（4）在路径上单击，效果如图 3-42 和图 3-43 所示。

图 3-41　原始路径　　　　　图 3-42　去除效果　　　　　图 3-43　添加效果图

6．路径切割

【刻刀工具】用于切割类似钢笔路径这样的矢量路径。使用刻刀工具的具体步骤如下：

（1）选中需切割路径的对象，如图 3-44 左图所示。

（2）单击工具箱中的【刻刀】工具按钮，鼠标指针变成刻刀的形状。

（3）按下鼠标，拖动鼠标穿过需要切割的路径即可，如图 3-44 第 2 个图所示。

（4）路径被切割开后，会自动添加相应的边界点。使用选取工具，可以将切割后的路径分开，如图 3-44 所示右图所示。

图 3-44　切割路径

7．联合

绘制多个路径对象后，可以将这些路径合并成单个路径对象；可连接两个开口路径的端点以创建单个闭合路径，或者结合多个路径来创建一个复合路径。在执行联合操作时，所有的开放路径都将自动转化为闭合路径。

（1）选中需要联合的多个对象。

（2）选择菜单栏【修改】/【组合路径】/【联合】命令。此时，选中的所有对象即会融合为一个对象，如图 3-45 所示。

Fireworks CS6 对路径运算的功能进行了改进，在早期版本中，用户只能够在创建了路径形状后选择所需要的路径运算命令，而现在，可以在创建路径形状之前就选择所需要进行的运算，这样创建了路径形状以后，就会自动根据所选择的运算命令来实现所需的效果，这样用户创建基于矢量的原型将会更加得心应手。

Fireworks CS6 在属性面板中新增了 5 个图形复合按钮，如图 3-46 所示。

与路径的复合操作不同（譬如路径打孔、路径交集、联合路径），这几个按钮是对图形进行操作的，而且会保留图形的原始状态，所以用户可以很轻松地进行反复编辑。例如，仍旧可以使用部分选择工具，对每个单独的路径进行调整，如图 3-47 右图所示。如果用户满意得到的效果，就可以在属性面板中单击【组合】按钮，进行最终的运算，这样就能够得到一个完整的路径形状。

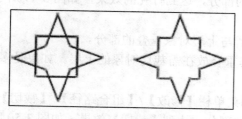

图 3-45　联合效果

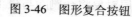

图 3-46　图形复合按钮

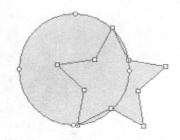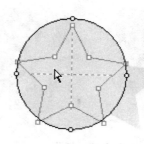

图 3-47　对每个单独路径进行调整

当然，用户也可以像往常那样，按照正常的操作步骤来完成效果的制作。

8．相交

使用相交操作可从多个相交对象中提取重叠部分。如果对象应用了笔触或填充效果，则保留位于最底层对象的属性。

（1）选中需进行相交操作的多个对象。

（2）选择菜单栏【修改】/【组合路径】/【交集】命令。此时，选中对象的重叠部分将会保留，其他部分则被删除，如图 3-48 所示。

图 3-48　相交效果

9．打孔

打孔操作可在对象上打出一个具有某种形状的孔。

（1）制作一个具有孔形状的对象，并将其重叠放在需打孔对象的上层。如果是多个对象，应放于多个对象的最上层。

（2）选中需进行打孔操作的对象。选择菜单栏【修改】/【组合路径】/【打孔】命令。此时，下层对象将会删除与最上层对象重叠的部分，达到打孔的效果，如图 3-49 所示。

10．裁切

与打孔操作正好相反，裁切操作可以保留与上层对象重叠的部分。

（1）制作一个裁切形状的对象，并将其重叠放在需裁切对象的上层。如果是多个对象，应放于多个对象的最上层。

（2）选中需进行裁切操作的对象。选择菜单栏【修改】/【组合路径】/【裁切】。此时，下层对象将会删除与最上层对象不重叠的部分，达到【裁切】效果，如图 3-50 所示。

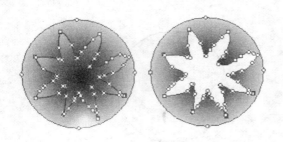

图 3-49　打孔　　　　　　　　　　　　　　图 3-50　裁切

11．路径描边

在 Fireworks 中，路径的描边位置分为 3 种，分别是【描边内部对齐】、【描边居中对齐】和【描边外部对齐】。在以往版本的 Fireworks 中，如果需要修改路径的描边形式，则需要在属性面板的笔触高级功能中进行选择。

现在，Fireworks CS6 把这 3 个选项集中在了属性面板中，如图 3-51 所示。在用户创建矢量描边的时候就可以轻松地进行选择。选择不同的描边位置，就可以轻松实现不同的描边效果。

用部分选取工具在画布上选择路径之后，在属性面板上单击需要的描边对齐方式，即可对指定路径进行相应的描边操作，如图 3-52 所示。

描边内部对齐　　描边居中对齐　　描边外部对齐

图 3-51　描边对齐按钮　　　　　　　　图 3-52　不同描边对齐的效果

📖3.1.5　路径修改实例——花瓣按钮

01 新建一个画布。在工具箱中选择【椭圆】工具，然后在属性面板上设置其填充

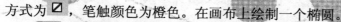

方式为 ☑ ，笔触颜色为橙色。在画布上绘制一个椭圆。

02 复制椭圆，并按 Ctrl + V 键粘贴两个椭圆。

03 选中粘贴的第 1 个椭圆，选择【修改】/【变形】/【数值变形】命令。在打开的对话框中设置变形类型为【旋转】，角度为 120º。

04 同理，将粘贴的第 2 个椭圆旋转 240º，此时的效果如图 3-53 所示。

05 用【部分选取】工具选择 3 个椭圆，执行【修改】/【组合路径】/【联合】命令，将 3 个椭圆组合成花瓣形的路径，如图 3-54 所示。

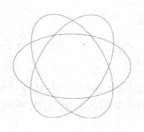

图 3-53　旋转图形

图 3-54　联合效果

06 选中组合路径，在属性面板上单击【渐变填充】按钮，设置渐变方式为【放射状】，无笔触填充，此时的效果如图 3-55 所示。

07 在【属性】面板上选择【滤镜】/【杂点】/【新增杂点】命令，在弹出的对话框中设置杂点数量为 8，此时的效果如图 3-56 左图所示。然后选择【滤镜】/【斜角和浮雕】/【内斜角】命令，设置【斜角边缘形状】为【平滑】，宽度为 15。最终效果如图 3-56 右图所示。

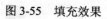

图 3-55　填充效果

图 3-56　滤镜效果

3.2　图像的变形

使用 Fireworks CS6 的变换功能，可以对对象或组合对象进行各种变换，例如旋转、缩放、扭曲、翻转等。

Fireworks 的变换工具位于工具箱的【选择】栏内，单击【变换】工具组按钮，即可看到【变换】工具，如图 3-57 所示。

◆　缩放工具：用于缩放对象，改变对象的大小。

◆ 倾斜工具 ：将对象沿指定轴倾斜。

◆ 扭曲工具 ：以拖动选择手柄的方向移动对象的边或角。

◆ 9 切片缩放工具 ：缩放矢量和位图对象时，保留缩放辅助线以外的关键元素（如文本或圆角）的外观。

```
✓  "缩放"工具 (Q)
   "倾斜"工具 (Q)
   "扭曲"工具 (Q)
   "9 切片缩放"工具 (Q)
```

图 3-57   变换工具组

无论进行何种变换，都可以采用如下的基本操作方法：

（1）选中想要进行变换的对象。

（2）选择工具箱中相应的变换工具，对象四周出现变换框，其中有 8 个变换控点和一个中心点。如果选择【9 切片缩放工具】，对象上将出现两条平行的水平辅助线和两条平行的垂直辅助线，将对象区域分割为 9 个部分。

（3）用鼠标拖动控点到合适位置。如果选择【9 切片缩放工具】，则拖动切片辅助线以最好地保留对象的几何形状，然后拖动角或边手柄使对象变形。辅助线之外的部分（如对象的 4 个角）在缩放时不会变形。释放鼠标，即可看到变换后的效果。如果不满意，可以按 Esc 键取消。

（4）变换完毕后，在文档编辑窗口的任意位置双击鼠标，确定操作。

3.2.1   缩放对象

缩放对象将以水平、垂直方向或同时在两个方向缩放对象。拖动变换框上下两边的控点，可以在垂直方向上改变对象的大小，如图 3-58 所示；拖动左右两边的控点，可在水平方向上改变对象的大小，如图 3-59 所示；拖动 4 个角上的控点，可以同时改变宽度和高度并保持比例不变，如果在缩放时按住 Shift 键，可以约束比例，如图 3-60 所示。

图 3-58   垂直缩放   图 3-59   水平缩放   图 3-60   约束比例缩放

此外，还可以使用属性面板上的【限制比例】按钮，如图 3-61 所示。在画布上选择要缩放的对象，并单击【限制比例】按钮之后，设置对象的宽、高值，可以约束比例缩放对像，这与按住 Shift 键缩放物体的效果是一样的。再次单击【限制比例】按钮，则取消约束比例缩放。

若要从中心缩放对象，可以在按下 Alt 键的同时拖动任何手柄，如图 3-62 所示。

图 3-61　限制比例按钮　　　　　　　　图 3-62　从中心缩放

3.2.2　倾斜对象

在 Fireworks 中，常常使用倾斜操作来制作一个透视效果。拖动变换框上的控点，即可实现对象的倾斜操作。在窗口内双击或按 Enter 键去除变形控点。拖动变换框左右两边的控点，可在垂直方向上倾斜对象，左右边缘的长度不会改变，如图 3-63 所示；拖动变换框上下两边的控点，可在水平方向上倾斜对象，上下两边的长度不会改变，如图 3-64 所示；拖动变换框四个角上的控点，可以将对象倾斜为梯形状，如图 3-65 所示。

图 3-63　垂直变换　　　　图 3-64　水平变换　　　　图 3-65　拖动边角变换

3.2.3　扭曲对象

扭曲变换集中了缩放和倾斜变换，并能根据需要任意扭曲对象。拖动变换框上左右和上下四边的变换点可以缩放对象，如图 3-66 所示；拖动 4 个角上的变换点可以扭曲对象，如图 3-67 所示。

图 3-66　原始图形及水平和垂直变换　　　　图 3-67　拖动边角变换

3.2.4　旋转对象

使用变换工具组中的任何一样工具，都可以旋转对象。将鼠标指针移到变换框之外的区域，鼠标指针变成弯曲的箭头↶。拖动鼠标，就可以以中心点为轴旋转了，如图 3-68

所示。

按住 Shift 键，对象会以 15° 为单位进行旋转。利用鼠标可以拖动变换框的轴心点，然后即会以新轴进行旋转，如图 3-69 所示。双击轴心点，可以恢复到原来的中心位置。使用修改工具栏上的旋转按钮组 ⟲ ⟳ ◿ ◺ 可以将如图 3-70 所示的原始图像旋转 90° 或 180°，如图 3-71 和图 3-72 所示。

图 3-68 原始图形及中心旋转效果

图 3-69 改变中心点后的旋转效果

图 3-70 原始图像

图 3-71 水平翻转

图 3-72 垂直翻转

3.2.5 数值变形

利用工具箱的变换工具可以很方便直观地实现对象的变换操作。如果要精确控制对象的变换程度，例如旋转的角度值、缩放的百分比等，就需要使用数值变形功能。操作方法如下：

（1）选中需要变换的对象。

（2）选择菜单栏【修改】/【变形】/【数值变形】命令，打开【数值变形】对话框。在【数值变形】对话框的下拉列表中选择变换类型，并设置相应的选项。

（3）设置完毕，单击【确定】按钮，即可使用数值变形功能精确变换对象。

通过【信息】面板可以查看当前所选对象的数值变形信息。对于缩放和任意变形，【信息】面板显示对象变形前的宽度(W)和高度(H)，以及宽度和高度增减的百分比。对于倾斜和扭曲，【信息】面板以 1° 的增量显示倾斜角度，并在变形过程中显示指针坐标。

3.2.6 图像变形实例——旋转图案

01 单击菜单栏中的【文件】/【新建】命令，建立一个 300×300 像素的图像文件。

02 选择【矩形】工具，设置填充颜色为灰色，无笔触颜色，纹理为【粗麻布】，纹理总量为 60%，在画布上绘制一个和画布大小相等的矩形，并对齐。

03 选择【椭圆】工具，设置内部填充颜色为蓝色，无笔触颜色，纹理为【粗麻布】，纹理总量为 60%，按住 Shift 键在画布上绘制一个正圆。

[04] 用【椭圆】工具再绘制一个圆，并与前一个圆相交。

[05] 选中两个圆，选择【修改】/【组合路径】/【打孔】命令，组合出一个新的路径，如图 3-73 所示。

[06] 选中组合路径，按 Ctrl + C 和 Ctrl + V 键复制粘贴一个副本。

[07] 选中复制出的路径，单击工具箱中的【变形】工具，这时，图像周围出现了一个带有 8 个控制点的变形编辑框。

[08] 用鼠标拖动变形框的中心点，使之与月牙形的下端点重合，如图 3-74 所示。

图 3-73　组合路径

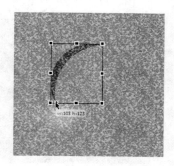

图 3-74　调整编辑框中心位置

[09] 鼠标置于编辑框外，拖动鼠标，使复制出的路径旋转约 30°，如图 3-75 所示。

[10] 同样方法，再复制若干个组合路径，并进行旋转，图像效果如图 3-76 所示。

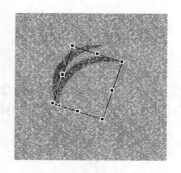

图 3-75　旋转图像

图 3-76　图像效果

[11] 在【图层】面板中，除矩形所在图层以外，按住 Shift 键选中所有路径层，单击修改工具栏上的【分组】按钮圖组合所有路径。

[12] 选中组合路径，按 Ctrl + C 和 Ctrl + V 键复制粘贴一个副本。

[13] 选中复制的组合路径，单击修改工具栏上的【水平翻转】按钮🔼，将其水平翻转。此时的图像效果如图 3-77 所示。

[14] 选中复制的组合路径所在层，设置混合模式为【差异】，如图 3-78 所示。

[15] 图形和背景和颜色不同，混合模式不同，旋转角度不同，最后获得的图案也不同，如图 3-79 和图 3-80 所示。

图 3-77　图像的效果

图 3-78　最终的效果

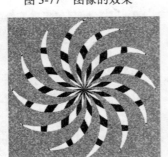

图 3-79　图像为白色时的效果

图 3-80　旋转角度不同的效果

3.3　复制、对齐、组合图像

在修改、编辑对象后，就可以对对象进行一些其他操作了，例如：复制、对齐、组合等。

3.3.1　复制、重制、克隆图像

复制和粘贴操作是在原来对象所在位置复制出一个新的对象；重制是在原来对象位置稍偏的地方创建新的对象；克隆对象就是制作一个和原对象重叠在一起的、完全一样的新对象，需要用鼠标拖拽才能分辨出。

> **注意：**
> 　　　　不能对位图选区使用复制或克隆命令。使用部分选定工具或橡皮图章工具可以复制位图图像的部分。

选中对象后，选择【编辑】/【重制】或【克隆】命令，即可执行相应的命令。如果选择【粘贴属性】，能将被复制对象的属性快速应用于新对象。

3.3.2　对齐图像

选中多个对象后，选择【修改】/【对齐】命令即可。Fireworks 提供了 8 种对齐命令，

可以根据需要选择。用户也可以使用 Fireworks CS6 修改工具栏中的【对齐设置】按钮 。

众所周知,Fireworks CS6 在像素的精准度上有着得天独厚的优势,这一点在 Fireworks CS5 中得到了进一步加强。读者在【修改】菜单下可以看到一个心仪已久的选项:【对齐像素】。利用像素级渲染,所绘画的点、矢量路径等一切图形都会非常完美地吸附到像素上,可以在几乎任何尺寸的屏幕上清晰呈现您的设计。

3.3.3 设置叠放次序

对于独立的多个对象,它们之间可能相互重叠,产生遮挡效果。Fireworks CS6 中可以很方便地设置对象的叠放次序。

选中要改变叠放次序的对象,选择【修改】/【排列】命令,从子菜单中选择改变叠放次序的方式即可。也可以使用 Fireworks 底部修改工具栏的 4 个叠放次序按钮 ,其功能与【修改】/【排列】子菜单相同。

例如,将图 3-81 中对象【flower】置前,效果如图 3-82 所示。

图 3-81　【flower】置后效果　　　　　图 3-82　【flower】置前效果

3.3.4 组合/取消组合

有时需要操作多个对象,并且希望它们之间的相对位置保持不变。这时,可以将它们组合起来形成一个对象。操作完毕后,再取消组合为相互独立的多个对象。

1. 组合对象

选中需要组合的多个对象,选择菜单栏【修改】/【组合】命令,或单击修改工具栏的【分组】按钮 ,选中的多个对象就会组合在一起,如图 3-83 所示。

2. 取消组合对象

选中组合对象,选择菜单栏【修改】/【取消组合】命令,或单击修改工具栏的【取消分组】按钮 ,即可使组合对象中的各个对象脱离组合,成为相互独立的多个对象。

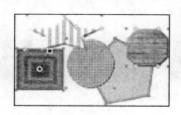   

图 3-83　组合前后的多个对象

第 3 章　编辑图像

3.4 样式

一般来说，要完成一个图形的创作，需要经过路径绘制、应用笔画、填充、设置属性以及应用特效等多个步骤。当要在多个对象上应用相同的笔画、填充和特效等属性时，这类重复操作显得尤为繁琐。

Fireworks 中的样式特性允许将这些步骤预先设置，然后一次应用到所有对象上。

📖3.4.1 应用样式

Fireworks CS6 中内置了多种样式，可以快速在对象上应用一些专业风格的属性组合。Fireworks CS6 升级了样式面板，使用增强的样式面板可提高工作效率，单击面板顶部的下拉菜单按钮，即可在默认 Fireworks 样式、当前文档样式或其他库样式之间进行选择，轻松访问多个样式集。应用样式的具体操作如下：

（1）选中要应用样式的对象或对象组合。

（2）选择【窗口】/【样式】命令，或按下 Ctrl＋Alt＋J 组合键打开【样式】面板。

（3）在【样式】面板上，单击面板顶部的下拉菜单按钮，在弹出的下拉列表中选择需要的样式集，然后在面板中单击需要的样式按钮，即可将该样式应用于选中对象。

（4）如有必要，可以对应用后的结果进行更改，更改操作只保留在对象上，不会影响系统中存储的样式本身。

例如：对图 3-84 中的第一个对象应用样式▢后对其进行编辑，然后再对第二个对象应用同一个样式，效果如图 3-84 右边的图所示。

图 3-84 应用样式后再进行编辑后的效果

样式不仅可以应用在路径对象上，还可以应用在位图对象上，只是在位图对象上应用样式时，通常效果只对位图对象的边缘有效，不会修改位图本身。有时候对位图对象应用样式，可以得到一些有趣的结果，这些效果主要通过特效来实现。例如，对图 3-85 应用样式可以得到图 3-86 所示的效果。

图 3-85 原始图像　　　　　　　图 3-86 同一对象上使用两种不同样式

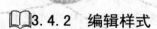
Fireworks CS6 内置的预设样式有限，并且不一定完全符合用户的要求。Fireworks 允许创建自己的样式和对内置样式进行编辑。

1．自定义样式

创建一个对象，然后在上面应用需要的笔画、填充、特效或修改对象属性。

（1）选中创建的对象。单击【样式】面板或【属性】面板中的【新建样式】按钮📄，弹出【新建样式】对话框。

（2）在【名称】区域输入新建样式的名称。

（3）在【属性】区域，选中要保存到样式中的属性类型。

（4）设置完毕，单击【确定】按钮，即可创建新的样式。

自定义的样式会以样式按钮的形式出现在样式面板上。将鼠标移动到该样式按钮上方，可以在样式面板上的状态行上看到样式的名称。

2．修改样式

（1）选中【样式】面板上要编辑的样式按钮。

（2）直接在【样式】面板上双击要编辑的样式。

（3）打开【编辑样式】对话框，重新设置样式的名称和属性。

（4）单击【确定】。

例如，取消选中样式  的【效果】前后的文字效果如图 3-87 所示。

图 3-87 修改样式前后的效果

3．删除样式

（1）从【样式】面板中选中需要删除的样式。

（2）单击【样式】面板右上角的选项按钮📧，选择【删除样式】命令；或直接单击【样式】面板上的【删除样式】按钮🗑。

（3）在打开的【删除样式】对话框中单击【确定】按钮。

在 Fireworks CS6 中，修改一个样式源，即可更新样式所有实例的已应用效果、颜色和文本属性。如果不希望对象已应用的属性随样式的更改而变化，可以断开对象与它所应用的样式之间的链接。步骤如下：

（1）选择应用该样式的对象。

（2）在【属性】面板的右下角，单击【断开到样式的链接】按钮。或者在【样式】面板的选项菜单中选择【断开到样式的链接】菜单命令。

3.4.3 样式应用实例——五子棋

01 单击菜单栏中的【文件】/【新建】命令，新建一个 50×40 像素的画布。

02 选择工具箱中的【矩形】工具绘制一个大小为 50×40 的矩形，且和画布左上角对齐。

03 在【样式】面板的样式下拉列表中选择【塑料样式】，然后在对应的样式列表中单击样式【plastic 048】。此时的效果如图 3-88 所示。

04 单击常用工具栏上的【保存】按钮 保存文档。

05 新建一个 500×400 像素的文档。

06 选择工具箱中的【矩形】工具绘制一个大小为 500×400 的矩形，且和画布左上角对齐。

07 在属性面板上单击【图案填充】按钮 ，然后在弹出的面板中选择第（4）步保存的图形文件。此时的效果如图 3-89 所示。

08 选择工具箱中的【椭圆】工具，在【属性】面板上单击【渐变填充】按钮 ，设置渐变模式为【放射状】，按住 Shift 键的同时拖曳鼠标，在图像窗口中绘制一个大小合适的圆形。

09 在【属性】面板上选择【滤镜】/【阴影和光晕】/【投影】命令，设置投影距离为 2，颜色为黑色。

10 在【属性】面板上选择【滤镜】/【阴影和光晕】/【内侧阴影】命令，设置距离为 7，颜色为黑色。此时的效果如图 3-90 所示。

图 3-88　图像效果　　　　　图 3-89　图像效果　　　　　图 3-90　图像效果

11 选择工具箱中的【椭圆】工具，在图像中绘制一个与黑棋子大小相同的白色圆形。

12 在【属性】面板中设置其投影和内侧阴影，效果如图 3-91 所示。

> **提示：**
> 　　读者也可以复制一个黑色的棋子，然后在属性面板上修改填充颜色。

13 分别复制若干黑棋子与白棋子，并调整它们的位置，图像效果如图 3-92 所示。

> **提示：**
> 　　由于棋盘中的棋子是一样的，因此可以分别将黑色棋子与白色棋子转换为元件。需要时，则从"文档库"中拖放到画布上。

14 选择工具箱中的【文字】工具，在【属性】面板中设置其参数，然后单击【设置文本方向】按钮 ，在弹出的下拉列表中选择【垂直方向从右向左】，在图像中单击鼠标，输入文字"五子棋"。

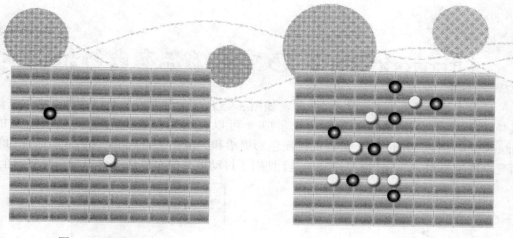

| 图 3-91　图像效果 | 图 3-92　图像效果 |

⑮ 打开【样式】面板，在【文本创意样式】列表中单击一个合适的样式。本例选择
"Text Creative 008"，然后在属性面板上设置字体大小为 64，最终效果如图 3-93 所示。

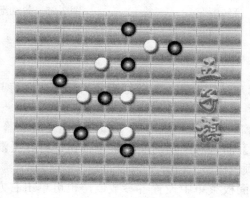

图 3-93　图像效果

3.5　颜色管理

Fireworks 是一个面向 Web 的图像处理程序，因此颜色在 Fireworks 中有举足轻重的地
位。本节简要介绍 Fireworks 中的颜色选择板和混色器。

📖3.5.1　颜色选择板

颜色选择板是在 Fireworks 中选择颜色的基本工具，它存在于几乎所有需要颜色设置
的地方，例如：工具箱、属性设置面板、颜色面板等。

Fireworks CS6 有两种不同的颜色设置：

◆ ✏▅笔触颜色：当用铅笔工具描绘位图对象时采用笔触颜色；当用矢量工具创建
矢量对象时，对象路径采用笔触颜色。

◆ ♠▅填充颜色：当用油漆桶工具填充位图对象或矢量对象内部时采用填充颜色；
当用矢量工具创建矢量时，其内部也采用填充颜色。

Fireworks CS6 在渐变色工具的应用上有两个很实用的功能，一个是【反转渐变】按钮
▧，如图 3-94 所示，可以快速更改渐变色的填充方向。例如，可以很方便地将"黑-白"

改成"白-黑"渐变。

另一个就是【渐变抖动】按钮，如图 3-95 所示。通常在矢量绘图软件中以矢量方式填充渐变色会出现色彩分层。以前唯一可以在编辑位图时考虑到抖动渐变的是 Photoshop，所以 Photoshop 处理的位图色彩更柔和。现在 Fireworks 也加入了这种功能，渐变平滑度将得到改观！需要注意的是，使用了抖动填充的对象边缘会出现非网络安全色。

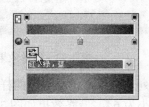

图 3-94　反转渐变　　　　　　　　　图 3-95　抖动渐变填充

3.5.2　混色器

在 Fireworks 中，用户还可以通过混色器自定义颜色，并将其应用到选择的对象上。具体操作如下：

（1）选择菜单栏【窗口】/【混色器】命令即可调出【混色器】面板，如图 3-96 所示。

（2）单击【混色器】面板右上角的面板菜单按钮，打开【混色器】面板菜单，如图 3-97 所示，选择需要的颜色模型。

（3）在【混色器】面板菜单中设置各参数值，也可单击右方的【箭头】按钮，拖动标尺上的滑块调节颜色参数值。

（4）设置完毕后，在填充或笔触颜色框中会自动显示新创建的颜色。

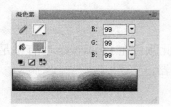

图 3-96　【混色器】面板　　　　　　　图 3-97　选择颜色模型

（5）选中填充或画笔的颜色框。将鼠标移到色谱图上，鼠标指针变成滴管形状。

（6）用鼠标单击需要的颜色。

在混色器面板下方还有三个按钮：

◆　【默认颜色】：将笔画颜色变成黑色，填充颜色变为白色。

◆　【不使用颜色】：将当前选中的颜色框变为无色，标志是一条斜线。

◆　【交换颜色】：将当前笔画色和填充色对换。

在早期的版本中，用户如果要将所选颜色用于其他图像编辑软件中，只能在色值的文本框中复制所选颜色的色值，这种操作确实比较麻烦。Fireworks CS6 支持 Adobe Swatch Exchange (ASE) 色表文件的导出。这是一个比较实用的功能，利用该功能，用户在颜色拾取器中可以直接复制所选颜色的色值，并且把色值复制到 Dreamweaver 或者其他文本编辑软件中，在不同的软件工具中使用到同样的配色方案。

3.5.3 颜色使用实例——星光

01 新建一个画布，颜色为黑色。

02 选择【椭圆】工具，设置填充颜色为白色，边缘羽化 1 像素；无笔触颜色。

03 按住 Shift 键在画面上绘制一个正圆。用部分选定工具选中圆后，调整其位置，使其居于画布中央，如图 3-98 所示。

04 在【属性】面板上选择【滤镜】/【阴影和光晕】/【光晕】命令，设置发光颜色为白色，宽度为 10，不透明度为 100%，柔化为 25，偏移为 0。此时的效果如图 3-99 所示。

05 取消对圆的选择，在【属性】面板上将【椭圆】工具的填充模式设置为无，笔触填充颜色为黄色，笔尖大小为【1 像素】，笔尖模式为【铅笔】/【1 像素柔化】；不透明度为 25%。

06 在画布上再绘制一个正圆，大小与第一个圆相当，略大，效果如图 3-100 所示。

图 3-98 图像效果

图 3-99 图像效果

图 3-100 图像效果

07 在【属性】面板上设置大圆的笔尖大小为 100，描边种类为【喷枪】/【基本】，效果如图 3-101 所示。

08 在工具箱中选择【直线】工具，设置笔尖大小为 1，颜色为白色，不透明度为 30%。

09 在画布上绘制一条穿过圆心的直线，如图 3-102 所示。

10 复制线条，并通过【变形】工具调整线条的位置。最终效果如图 3-103 所示。

图 3-101 图像效果

图 3-102 图像效果

图 3-103 最终效果

3.6 撤销/恢复操作

用户如果不小心进行了误操作，或对当前的操作效果不满意，可以进行撤消与恢复操作。在 Fireworks CS6 中，有多种方法进行撤消与恢复，下面介绍撤消和恢复操作的方法。

3.6.1 撤消/恢复操作

撤消操作分为单步撤消与多步撤消两种。单步撤消即撤消最后一次操作；多步撤消即撤消最后做的几步操作。

单击菜单栏中的【编辑】/【撤消】命令，或者按下 Ctrl+Z 键，即可撤消最后一步操作；重复单击菜单栏中的【编辑】/【撤消】命令，或者重复按下 Ctrl+Z 键，即可撤消多步操作。

恢复与撤消是相对的一组概念，恢复是指撤消【撤消】操作。

单击菜单栏中的【编辑】/【重做】命令，或者按下 Ctrl+ Y 键，即可恢复上一步操作；重复单击【编辑】/【重做】命令，或者重复按下 Ctrl+Y 键，即可恢复多步操作。

在 Fireworks CS6 中，默认条件下，可以撤消 20 步操作。用户也可以根据需要修改撤消操作的步数，操作步骤如下：

（1）单击菜单栏中【编辑】/【首选参数】/【常规】命令，弹出【首选参数】对话框。

（2）在【撤消步骤】选项的文本框中输入所需的撤消步数。

（3）单击【确定】按钮，新设置的撤消步数就生效了。

3.6.2 历史记录面板的使用

在处理图像时，除了可以利用前面所讲的几种撤消方法外，还可以利用【历史记录】面板使图像及时恢复到原来的状态。

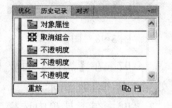

图 3-104 【历史记录】面板

单击菜单栏中的【窗口】/【历史记录】命令，弹出如图 3-104 所示的【历史记录】面板。

由图 3-104 可以看出，我们所做的每一步操作都记录在【历史记录】面板中，需要恢复到哪一步，在面板中单击该步骤即可。

3.6.3 历史记录使用实例——立体字

01 新建一个画布，颜色为白色。

02 在工具箱中选中文字工具，设置字体、颜色和大小。在画布上输入文字"历史"，如图 3-105 所示。

03 执行【编辑】/【克隆】命令。

04 选中克隆出的文字，执行【修改】/【变形】/【数值变形】命令。在【数值变形】

对话框中设置变形类型为【缩放】，取消选择【约束比例】复选框，设置宽、高的缩放比例分别为 106%、110%。

05 选择【窗口】/【历史记录】命令，打开【历史记录】对话框。按住 Shift 键选中最后两项，如图 3-106 所示。

06 单击【重放】按钮两次。此时效果如图 3-107 所示。

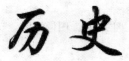

图 3-105　文本效果　　　　　图 3-106　【历史记录】对话框　　　　图 3-107　文本效果

07 在【图层】面板中选中最上面的一层，在【属性】面板上单击填充按钮，在弹出的面板上单击【渐变填充】按钮 ，并设置渐变方式为【线性】。在色带上单击鼠标添加多个游标，设置各个游标的填充颜色如图 3-108 所示。调整填充手柄，最终效果如图 3-108 所示。

图 3-108　填充设置

图 3-109　最终效果

3.7　本章小结

本章介绍了在 Fireworks CS6 中编辑图像的方法，重点阐述了几种图像编辑工具与路径修改工具的使用，这些工具是修整图像的得力武器，通过它们可以使图像表现得更加完美，或者更加符合作品的要求。另外，本章还介绍了变形操作和颜色管理方法。

3.8　思考与练习

1. 在【橡皮图章】工具的【属性】面板中，选择【按源对齐】复选框，则每次起笔时都将接着上次的操作继续进行复制图像；取消该项，则每次起笔时将重新从_____开始复制图像。

2. 图像的变形包括对图像进行_____、_____、_____和扭曲等操作。如果要对图像进行精确变形，可以使用_____。

3. 按下_____键，即可撤消最后一步操作；按下_____键，可以恢复上一步操作。

4．如何应用和修改样式？

5．路径修改工具有哪些？简述几种组合路径命令的效果。

6．复制、重制和克隆操作有什么区别？

7．请实现以下两个路径的联合、相交、打孔和裁切，如图 3-110 所示。

8．打开一幅位图，练习各种图像修改工具的使用方法，并比较效果。

9．什么是笔触颜色？什么是填充颜色？

10．请利用混色器自定义一种颜色。

图 3-110　图像效果

第 4 章　文字的使用

 本章导读

　　文字作为传播信息最便捷的载体，在 Web 中处于主导地位。本章主要介绍文本的基本操作方法，包括输入文本、导入文本、编辑文本以及文本与路径的关系。

　📖　创建文本对象

　📖　变形文本

　📖　文本特效

4.1 文本对象

4.1.1 输入/导入文本

输入文本的操作如下：

（1）打开 Fireworks 编辑器，新建一个画布。选择"文本"工具 **T**。

（2）在文本起始处单击左键，此时弹出一个小文本框，或者拖动鼠标绘制一个宽度固定的文本框。

（3）在其中输入字符串。

（4）单击文本框外的任何地方，或在工具箱中选择其他工具，或按下 Esc 键来完成文本的输入。

Fireworks CS6 具有自动命名文本功能。输入文本后，Fireworks CS6 自动以与文本内容匹配的名称保存文本对象。如果想为该文本对象选择另一个名称，可以重命名文本对象。

如果所有的文本都要在 Fireworks CS6 中手动输入，那将是一件很麻烦的事情。实际上，Fireworks 允许从外部导入文本，然后在其中进行编辑。

Fireworks 中可以导入多种形式的文本，例如，纯文本的 ASCII 码文件、复文本格式的 RTF 文件，还可以直接从 Photoshop 的文档中导入文本。具体操作如下：

（1）执行【文件】/【打开】或【导入】命令。

（2）选中要导入的文件。

（3）单击【打开】按钮。

利用复制和粘贴操作，也可以直接将位于剪贴板中的文本粘贴到当前文档中，同样，这会生成新的文本对象。如果应用程序支持拖放，也可以直接从包含文本的程序中将文本拖动到 Fireworks 中，例如，可以从一个 Word 文档中直接将选中的文本拖动到 Fireworks 文档中，生成新的文本对象。

> **注意：**
> 不能通过复制和粘贴操作导入 RTF 文本，也不能通过拖放的方法导入 RTF 文本。

4.1.2 编辑文本

输入文本后，就可以对文本进行修改了。

1. 变换文本

（1）选中要变换的文本对象。文本框周围出现如图 4-1 所示的红色边框。

（2）选择变形工具组中需要的工具。

（3）点击文本框，文本框周围出现黑色变换框。

（4）选择变换控点，拖动鼠标调整文本的形状。效果如图 4-2 所示。

2．插入特殊字符

在 Fireworks CS6 中可以直接在文本中插入特殊字符，而不必从其他源中复制那些字符，并粘贴至 Fireworks 文档中。具体操作步骤如下：

（1）在文本块内部要插入特殊字符的位置单击。

（2）选择【窗口】/【其他】/【特殊字符】菜单命令。

（3）在【特殊字符】面板中，选择要插入的字符。

　　　　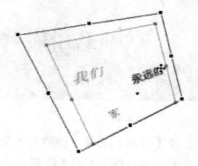

图 4-1　文本变形状态　　　　图 4-2　变形后的状态

3．修改文本属性

选中文本，即可看到其属性设置面板。设置属性的一般步骤如下：

（1）单击 幼圆 右侧下拉列表按钮，在下拉列表中选择需要的字体。

（2）单击 30 右侧下拉列表按钮，选择需要的字体大小，或直接输入字体大小。

（3）单击 ■ 设置字体颜色。

（4）单击 ♣ 设置文本的排列方式，共有两种，显示效果如图 4-3 所示。

图 4-3　两种排列方式

Fireworks CS6 的文本属性面板中有一个设置，用于设置字体的样式。可以在【属性】面板的【样式】下拉列表中选择已安装的样式。如果字体系列中不包括样式，可以单击 **B** *I* U 按钮来应用模拟样式。

根据需要设置字体样式、字距 ♣、行距 ☰、对齐方式和边缘效果。

📖4.1.3　编辑文本实例——透视文字

01 选择【文件】/【打开】命令打开一幅图片。如图 4-4 所示。

02 在工具箱中选择【文本】工具，在【属性】面板中设置字体为华文彩云、颜色为蓝色，大小为 70，字间距为 70，用鼠标在工作区点击，输入"一湖秀水"，效果如图 4-5 所示。

图 4-4　图片

图 4-5　输入文本

03 选择【扭曲】工具，调整文本位置及形态。得到文本效果如图 4-6 所示。

04 选中文本，按下 Ctrl + C 和 Ctrl + V 组合键复制并粘贴文本。

05 选中粘贴的文本，单击【修改】工具栏上的【垂直翻转】按钮翻转文本，并用变形工具调整文本的形状和位置，然后设置不透明度为 20%，得到最终效果如图 4-7 所示。

图 4-6　变换文本

图 4-7　最终效果

4.2　文本与路径

在 Fireworks 中将文本附加到路径上，或将文本转换为路径后，就可以像编辑路径一样利用路径修改工具将文本变为任意形状和方向，形成各种特殊效果。

📖4.2.1　将文本附加到路径

文本附加到路径后仍保留了可编辑性。使用【文本】工具双击文本即可在【属性】设置面板上设置文本属性。此外，在 Fireworks CS6 中还可以编辑路径的形状。在编辑路径上的点时，文本将自动沿着路径排列。

将文本附加到路径的具体操作如下：

（1）在文档编辑窗口绘制需要附着的路径。

（2）创建文本，并设置好文本的各项属性值。

（3）同时选中文本和路径，选择【文本】/【附加到路径】命令。

注意：

　　　　如果将含有硬回车或软回车的文本附加到路径，可能产生意外结果。

（4）选择【文本】/【方向】子菜单中的命令可以改变文本在路径上的方向，共有 4 种方向设置，效果如图 4-8~图 4-11 所示。

◆ 【依路径旋转】：文本围绕路径旋转。

◆ 【垂直】：文本垂直于路径。

◆ 【垂直倾斜】：文本倾斜，并垂直附着于路径上。

◆ 【水平倾斜】：文本水平倾斜，并垂直附着于路径上。

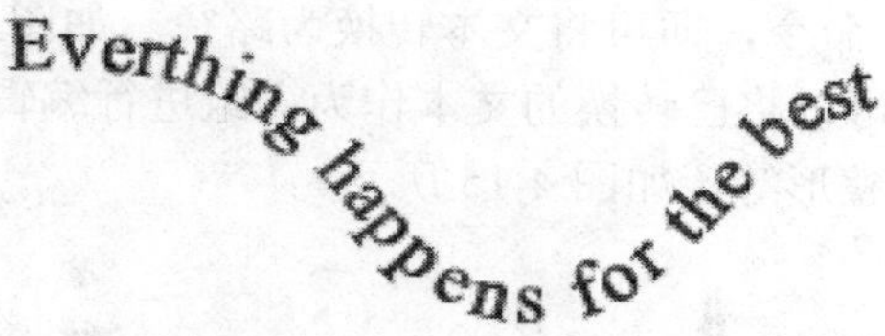

图 4-8　依路径旋转 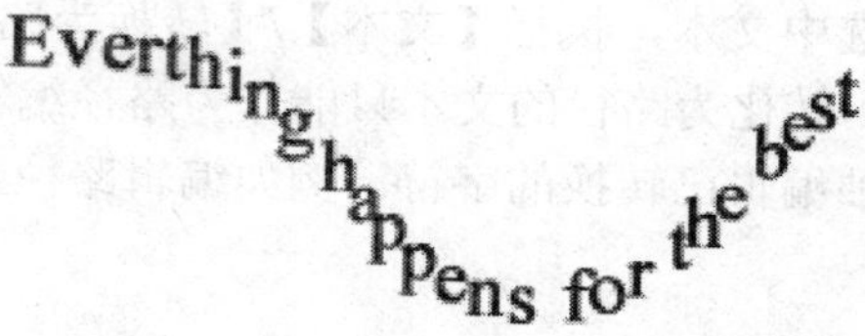　　　　　　　　　　图 4-9　垂直

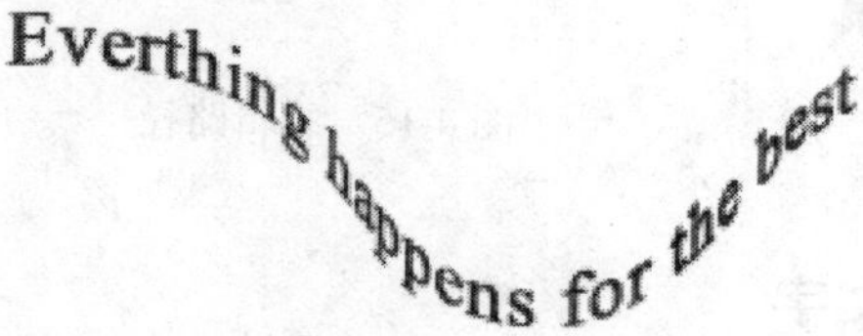

图 4-10　垂直倾斜 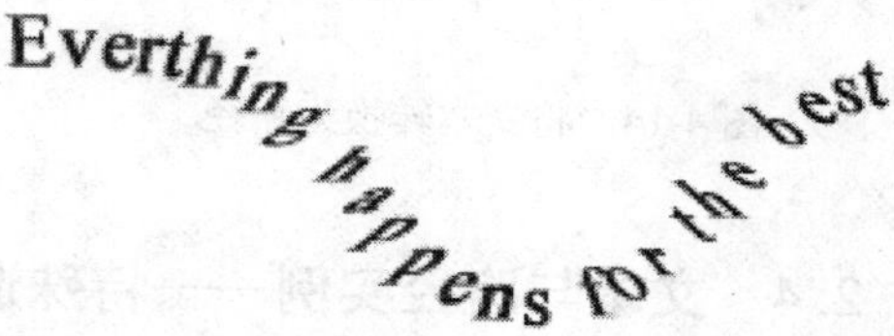　　　　　　　　　　图 4-11　水平倾斜

（5）选择【文本】/【倒转方向】命令可以翻转文本附加到路径的方向。如图 4-12 所示。将文本附加到路径时，对于超出路径长度的文本，将会隐藏并显示隐藏标记，如图 4-13 所示。使用鼠标指针拖动路径端点可以显示隐藏的文本。

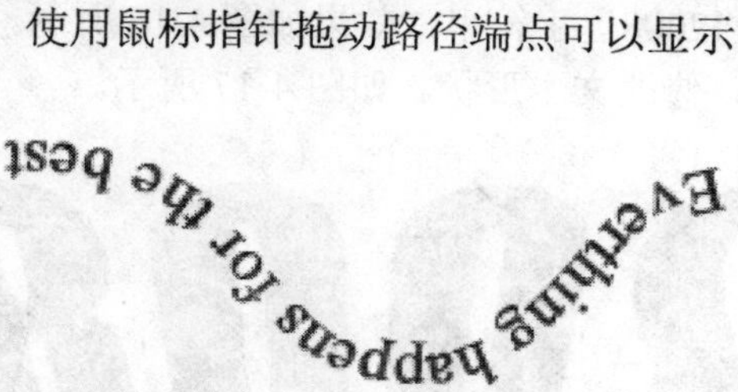

图 4-12　文本翻转效果 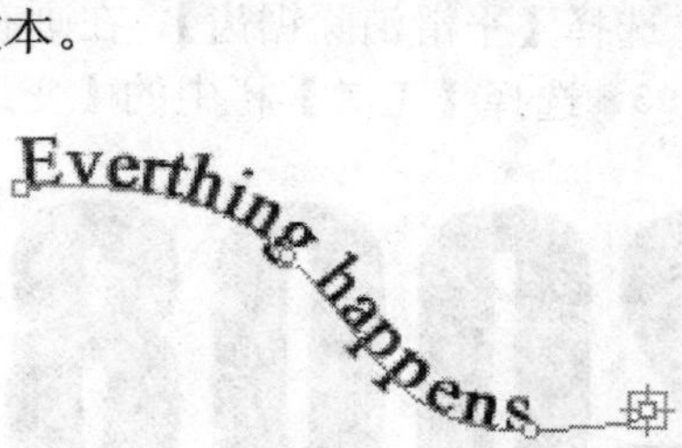　　　　　　　　图 4-13　文本折返效果

（6）文本附加到路径上时，是从路径起点开始附着的。如果要改变文本起点的位置，选中文本后，在【属性】面板的【文本偏移】文本框内输入需要的偏移量，单位是像素，即可按照设置的起点附着文本。

此外，用户还可以利用【附加到路径内】命令，把文字显示到路径的形状内。具体操

作步骤如下：

（1）在文档编辑窗口绘制需要附着的路径。

（2）创建文本，并设置好文本的各项属性值。

（3）同时选中文本和路径，选择菜单栏【文本】/【附加到路径内】命令，即可将文本附加到路径的形状之内。

📖4.2.2　文本与路径分离

选中附加到路径的文本，选择【文本】/【从路径分离】命令，即可将文本与路径分离。分离后的路径将恢复原来的属性。

📖4.2.3　将文本转换为路径

选中文本，执行【文本】/【转换为路径】命令，即可将文本转换为路径。如图 4-14 所示。转化为路径的文本只能作为路径编辑。可以将已转换的文本作为一组进行编辑，或者单独编辑已转换的字符。例如编辑路径点、整形等，如图 4-15 所示。

图 4-14　将文本转换为路径　　　　　　　　　　　　图 4-15　编辑路径

📖4.2.4　文本与路径实例——特殊造型文字

01 打开 Fireworks，新建一个画布，宽度设置为 400 像素、高度设置为 300 像素、分辨率为 96 像素/英寸、背景色设置为白色；单击【确定】完成该画布的创建。

02 选择文本工具，设定字体为 Impact，大小为 100。字体颜色设为黑色，选择字体加粗，选择【平滑消除锯齿】。在画布上输入"2008"字符串，效果如图 4-16 所示。

03 选择【工具】栏中的【变形】工具，修改文本形状。如图 4-17 所示。

图 4-16　输入文本对象　　　　　　　　　　　　图 4-17　变形后的效果

04 执行【文本】/【转换为路径】命令，将文本转换为路径。执行【修改】/【取消组合】命令将其解组。效果如图 4-18 所示。

05 选择菜单【视图】/【网格】/【显示网格】命令，调出辅助线。

06 分别选择每一个文字，对其进行变形修改，修改的最后效果如图 4-19 所示。

图 4-18 将文本转化为路径

图 4-19 文字变形效果

07 设置笔触颜色为绿色，笔尖大小为 5。单击属性面板上的【渐变填充】按钮![](，在弹出的面板上设置渐变模式为【轮廓】。在色带上单击鼠标添加两个游标，然后设置四个游标的颜色分别为#97461A，#FBD8C5，#6C2E16 和#EFDBCD，填充后的效果如图 4-20 所示。

08 选择【属性】面板上的【滤镜】/【斜角和浮雕】/【内斜角】命令。斜角边缘形状选择【第一帧】，宽度设为 10，柔化度为 10。光源的角度为 135。最终效果图如图 4-21 所示。

图 4-20 填充后的效果

图 4-21 特殊文字造型

4.3 文本特效

除了【属性】设置面板中的文本属性外，还可以使用前面介绍的笔触和填充来美化文本，创建各种特殊文本效果。

4.3.1 空心文字

01 创建新的 Fireworks 文件，参数设置如下：宽度为 400 像素；高度为 150 像素；分辨率为 96 像素/英寸；背景颜色设置为白色。

02 选择【文本】工具，设定字体为 Impact，大小为 100，字体颜色设置为橙色，选择字体【加粗】，勾选【平滑消除锯齿】，在画布上输入"welcome"字符串，效果如图 4-22 所示。

03 选择【文本】/【转换为路径】命令将文本转换为路径，选择【修改】/【取消组合】命令将其解散，效果如图 4-23 所示。

04 选择【修改】/【改变路径】/【扩展笔触】命令，打开【扩展笔触】对话框。设置【宽度】为 3，效果如图 4-24 所示。

Fireworks CS6 中文版标准实例教程

welcome welcome

　　　　　图 4-22　文本输入效果 　　　　　　　　　　图 4-23　解组的效果图

welcome welcome

　　　　　图 4-24　修改边框后的效果图 　　　　　　　图 4-25　染色后的效果图

05 单击属性面板上的【渐变填充】按钮，在弹出的面板上设置渐变类型为【线性】。颜色效果为红、蓝、黄。对文本进行填充。效果如图 4-25 所示。

06 选择【属性】面板中的【滤镜】/【斜角和浮雕】/【凹入浮雕】命令，【宽度】为 3。按回车完成该效果设置，最后的效果图如图 4-26 所示。

welcome

图 4-26　空心文字效果图

4.3.2　图案文字

01 创建一个 Fireworks 文件，参数设置如下：宽度设置为 600 像素；高度设置为 480 像素；分辨率设置为 96 像素/英寸；背景色设置为白色。

02 选择【文件】/【导入】命令，导入一个图像，效果如图 4-27 所示。

03 选择【文本】工具，设定字体为 Arial Black，大小为 100，字体颜色设置为黄色，选择字体【加粗】，选择【平滑消除锯齿】，字间距为 10，在画布上输入 "WISHES" 字符串，效果如图 4-28 所示。

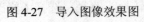

　　　　图 4-27　导入图像效果图　　　　　　　　　　图 4-28　文本效果

04 选择【文本】/【转换为路径】命令将文本转换为路径。

05 选中文本和后面的图片，选择【修改】/【蒙版】/【组合为蒙版】命令建立蒙版组，效果如图 4-29 所示。

06 选择【属性】面板中的【滤镜】/【阴影和光晕】/【光晕】选项，在弹出的菜单中设置发光颜色为黄色，宽度为 3；选择【滤镜】/【阴影和光晕】/【内侧光晕】，设置发光颜色为黑色，宽度为 4，效果如图 4-30 所示。

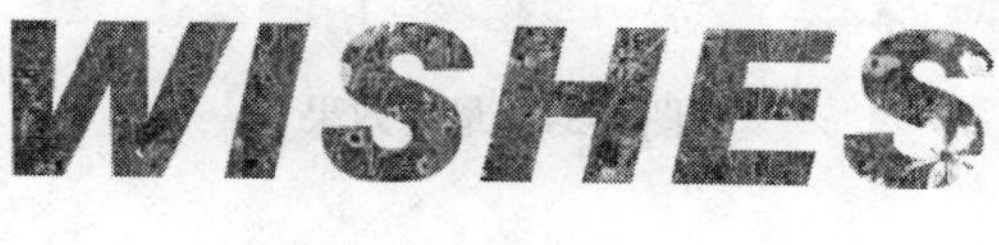

WISHES WISHES

图 4-29　图形文字效果 　　　　　　　　　图 4-30　最后的效果图

4.3.3　玻璃文字

01 打开一幅背景图片。

02 选中【文字】工具，设置字体为 Impact、大小为 120，颜色为黑色，输入文字"FLOWER"。

03 选中文本，选择【文本】/【转换为路径】命令。

04 选择【修改】/【取消组合】命令，将文字分散。

05 选择【部分选定】工具，修改文字上的控制点变形文字，效果如图 4-31 所示。

06 选中所有文字路径，选择【修改】/【平面化所选】命令，将文字组合成一张位图。

07 在工具箱中选择魔术棒工具，在文字图层单击选中文字。

08 保持文字的选中状态，在【图层】面板上单击背景图片所在图层，得到文字选区。

09 执行【选择】/【反选】命令选中文字之外的其他区域，按 Delete 键删除。

10 删除组合路径层。此时的效果如图 4-33 所示。

11 选中文字，在【属性】面板上选择【滤镜】/【Eye Candy 4000】/【玻璃】命令。在【普通】选项卡中设置斜面宽度为 3，平滑度为 100，边缘暗化为 10，渐变阴影为 25，并设置玻璃的颜色为草绿色。

12 切换到【光线】选项卡，设置高光大小为 90，波纹宽度为 300。效果如图 4-32 所示。

FLOWER　　FLOWER

图 4-31　文本效果　　　　　　　　　　　图 4-32　图像效果图

13 使用玻璃效果。在【光线】选项卡中，设置光源方向和倾斜度分别为 310 和 35，高光大小为 90，波纹宽度为 300，效果如图 4-33 所示。

14 在【属性】面板中选择【滤镜】/【阴影和光晕】/【内侧阴影】命令，设置距离为 2，柔化度为 1，此时的效果如图 4-34 所示。

图 4-33   图像效果    图 4-34   最终效果

4.4   本章小结

　　文本是网页中的主要内容，而文本图像又是直观的表述内容，吸引读者的好办法。
Fireworks 除了具备出色的图象编辑功能外，也提供了功能强大的文本编辑工具。用户不
仅可以为文本添加填充、特效以及纹理效果，还可以使用变换工具对文本进行缩放、斜切
或者扭曲操作以彻底改变文本区域的形状。本章详细介绍了文本的一些使用方法以及文本
的特殊效果。

4.5   思考与练习

　　1．文本的排列方式有_____、_____、_____和_____4 种。
　　2．文本附加到路径上时，文本的排列方向有_____、_____、_____、
和_____、_____5 种。
　　3．图像化的文字可以进行编辑吗？为什么？
　　4．可以通过复制和粘贴操作导入 RTF 文本吗？
　　5．文本如何沿路径分布？
　　6．如果要对文本对象中的单个文字进行编辑，该如何操作？
　　7．实现图 4-35 所示的文本效果。
　　8．实现图 4-36 所示的文本效果。

图 4-35   文本效果   图 4-36   文本效果

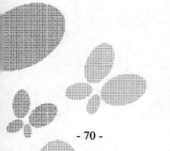

第 5 章　元件和图层

本章导读

　　元件和图层在 Fireworks CS6 中是两个很重要的概念。利用元件可以实现对文档中对象的重复使用和自动更新。使用图层，可以将多幅图像进行修剪、叠加，形成所需要的图像，还可以任意地设置图层的合成模式、图层蒙版、图层样式等，使图像产生神奇的艺术效果。

学　习　要　点

📖 创建元件

📖 编辑元件

📖 图层操作

5.1 元件与实例

Fireworks 提供三种类型的元件：图形、动画和按钮。实例是 Fireworks 元件的表示形式。当元件被编辑修改时，实例可以自动根据元件作相应的修改。利用这种特性可以实现文档中对象的重复使用和自动更新。

5.1.1 创建元件

创建元件有两种方法：新建元件和将已有对象转换为元件。下面以一个简单例子说明创建元件的具体方法。

01 新建一个文件。宽度为 200 像素；高度为 400 像素；分辨率设置为 96 像素/英寸；背景色为白色。

02 选择【矩形】绘制工具，在画布上绘制一个和画布大小相同的矩形，覆盖整个画布，填充方式选择图案。如图 5-1 所示。

03 选择【编辑】/【插入】/【新建按钮】命令打开按钮编辑窗口，然后选择【椭圆】绘制工具，绘制一个无笔触填充的椭圆。

04 打开【样式】面板，选择填充样式 Style 18 ，应用于椭圆。

05 单击元件编辑窗口左上角的【页面 1】按钮关闭按钮编辑窗口，此时按钮效果图如图 5-2 所示。

06 在【文档库】窗口中拖入 5 个按钮到画布上，调整按钮的位置，效果如图 5-3 所示。

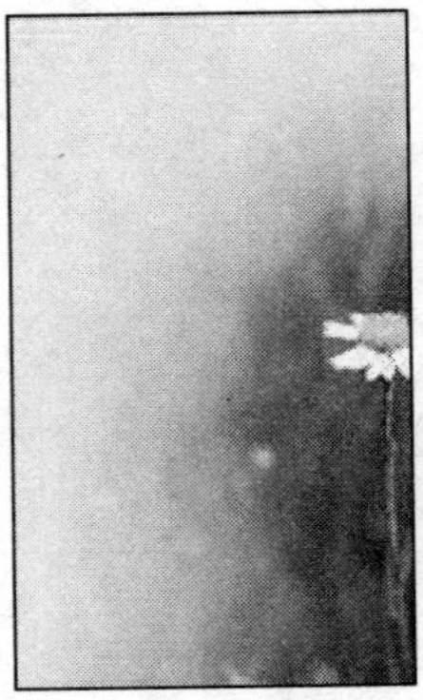

图 5-1 图案填充效果

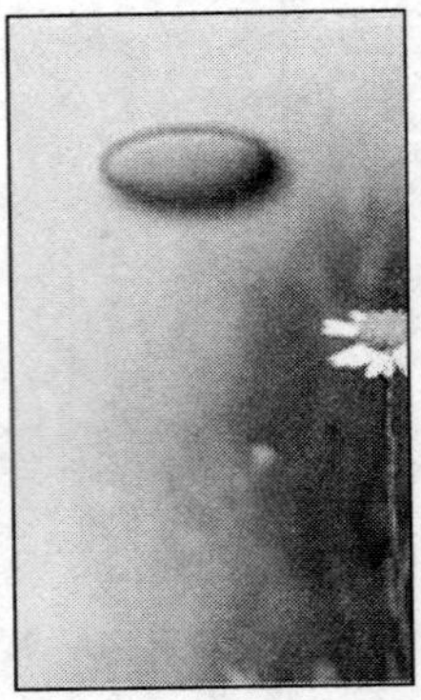

图 5-2 按钮效果

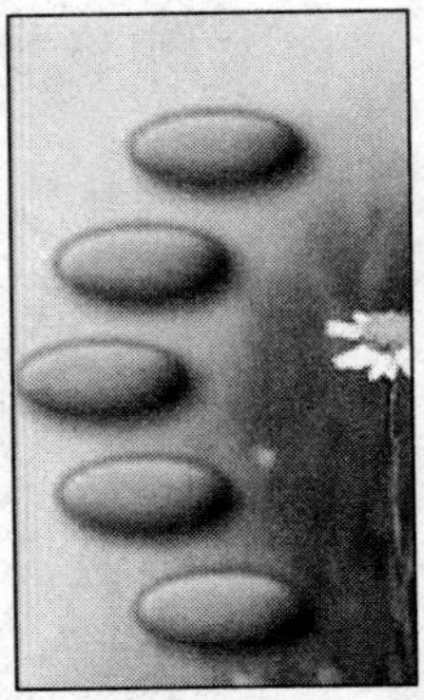

图 5-3 按钮的位置

07 选择【文本】工具，分别在不同位置的按钮上输入不同的文本。效果如图 5-4 所示。

08 选择【文字】工具，设置好字体颜色和大小后，在画布上输入“Music On Line”，如图 5-5 所示。

09 选择【修改】/【元件】/【转换为元件】命令，将文字转换为图形元件。

10 .从【文档库】面板中拖到该图形元件到画布上。与第一个图形元件底对齐，偏

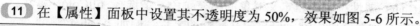

左。

11 在【属性】面板中设置其不透明度为 50%，效果如图 5-6 所示。

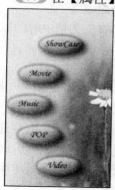

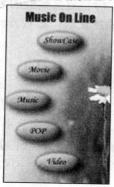

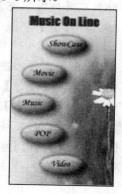

图 5-4　导航条效果图　　　　　图 5-5　输入文字　　　　　图 5-6　最终效果图

此外，在 Fireworks CS6 中还可以创建一种特殊的元件——丰富元件。丰富元件是一种可以使用 JavaScript（JSF）文件对其进行智能缩放和指派特定属性的图形元件。通过将这些元件拖至文档并使用【元件属性】面板编辑与这些元件相关的参数，可以快速创建创建用户界面或网站设计。

Fireworks CS6 中已包括了预设计的丰富元件库。选择菜单栏【窗口】/【公用库】命令打开【公用库】面板，从中将需要的元件拖放到画布中，用户即可以轻松自定义这些元件以适应特定网站或用户界面的外观要求。

若要自定义丰富图形元件，可以执行以下步骤：

（1）创建一个属性可能需要自定义的对象，如一个颜色和编号可自定义的项目符号。

创建对象时，可在【图层】面板中键入名称，以自定义要使其成为可编辑的功能的名称。例如，可以将可编辑的文本字段命名为"label"，此名称将在 JavaScript 文件中使用。

读者还需要注意的是，在命名功能时，不要在名称中包含任何空格。这会导致 JavaScript 错误。因此，例如，不能将"first label"用作名称，但可以使用"first_label"作为名称。

（2）选择对象，然后选择【修改】/【元件】/【转换为元件】菜单命令。

（3）在【转换为元件】对话框的【名称】文本框中为该元件键入一个名称；在【类型】栏中选择【图形】作为元件类型，并勾选【保存到公用库】复选框。然后单击【确定】按钮。

在这里，读者需要注意的是，丰富元件必须保存在【公用库】内的文件夹中。

（4）选择【命令】/【创建元件脚本】菜单命令打开【创建元件脚本】面板。

（5）单击【创建元件脚本】面板右上角的浏览按钮找到元件 PNG 文件。默认情况下，该文件保存在 <user settings>\Application Data\ Adobe\Fireworks CS6\Common Library\ Custom Symbols（Windows）或 <user name>/Application Support/Adobe/ Fireworks CS6/Common Library/Custom Symbols（Macintosh）目录中。

（6）单击【加号】按钮添加要自定义的元素的名称。例如，如果要自定义名称为"label"的文本字段，请在【元素名称】字段中键入"label"。

（7）在【属性】字段中选择要自定义的属性的名称。例如，若要自定义标签中的文本，请选择 textChars 属性；若要自定义对象的填充颜色，请选择 fillColor 属性。

（8）在【属性名称】字段中键入可自定义属性的名称，例如"Label"。

（9）在【值】字段中键入属性的默认值，即首次将元件的实例放在文档中时的默认值。

（10）根据需要添加其他元素。

（11）单击【保存】按钮保存所选的选项并创建 JavaScript 文件。

（12）从【公用库】面板的选项菜单中选择【重新加载】命令以重新加载新元件。

创建 JavaScript 文件后，可以通过将该元件拖至画布来创建该元件的实例，然后通过执行【窗口】/【元件属性】命令，在打开的【元件属性】面板中更改其属性值来更新属性。如果删除或重命名由该 JavaScript 脚本引用的元件中的对象，则【元件属性】面板将生成错误。

5.1.2 编辑元件

对于创建好的元件，可以通过元件编辑窗口修改编辑。具体方法如下：

（1）通过下面任意一种方法打开元件编辑窗口：

◆ 双击文档编辑窗口中该元件的任意一个实例。

◆ 双击【文档库】面板中该元件的预览图像。

◆ 选中该元件的一个实例，选择菜单栏【修改】/【元件】/【编辑元件】命令。

（2）在元件编辑窗口中编辑元件。编辑完毕后关闭元件编辑窗口，此时，文档中该元件的所有实例将被自动更新。

继续上例。

（3）在"文档库"窗口中双击按钮元件的预览图像，打开按钮编辑窗口。

（4）在【属性】面板上的【状态】下拉列表中选择【滑过】，单击【复制弹起时的图形】。打开【样式】面板，选择【样式】 ，应用于按钮。此时按钮效果图如图 5-7 所示。

（5）切换到【按下】选项卡，单击【复制滑过时的图形】。按钮效果如图 5-8 所示。

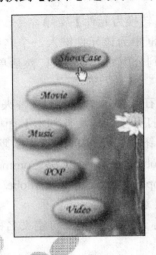

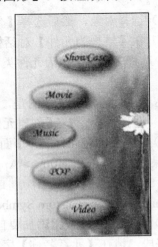

图 5-7　按钮效果　　　　　　　　　　　图 5-8　最终效果图

（6）切换到【按下时滑过】选项卡，单击【复制按下时的图形】。

（7）单击【完成】关闭按钮编辑窗口。

使用元件创建的实例与该元件始终有关联关系，修改元件，实例也将被自动修改。如果希望任意修改对象所有的属性，并且不会再被自动更新，可以切断实例与元件的关联。操作如下：

（1）选中需要切断关联的实例。

（2）选择【修改】/【元件】/【分离】命令。

5.1.3　导入/导出元件

如果需要使用其他文档的元件，可以将其导入，而不必重新绘制。同理，也可以将本文档中的元件导出以在其他文档中。导入导出元件的具体操作如下：

（1）单击【文档库】面板右上角的【菜单】按钮，在弹出的面板菜单中选择【导入元件】或【导出元件】命令。

（2）在弹出的对话框中选中需导入/导出的元件。按住键盘上的 Ctrl 键或 Shift 键可以同时选取多个元件。

（3）单击【确定】或【导出】按钮。

5.1.4　元件使用实例——缠绕的线条

01 打开 Fireworks，新建画布。

02 在工具箱中选择【直线】工具，在画布上绘制矢量图形如图 5-9 所示。

03 选择菜单【修改】/【元件】/【转换为元件】命令，打开【转换为元件】对话框，设置元件类型为“图形”。此时在库面板中多了一个元件。

04 在【文档库】面板中拖动元件到文档工作区。然后选择选择工具栏中的变形工具，将新建的元件对象进行旋转，如图 5-10 所示。

05 选择【修改】/【元件】/【补间实例】命令，打开【补间实例】对话框。在【步骤】文本框中输入补间实例的状态数为 20。单击【确定】按钮关闭对话框。效果如图 5-11 所示。

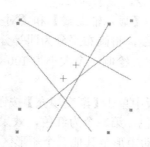

图 5-9　绘制矢量图形　　　　图 5-10　元件旋转后的效果　　　　图 5-11　补间效果图

06 调整线条的颜色和位置可变换图像的效果，如图 5-12~图 5-14 所示。

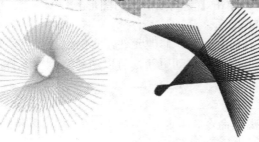
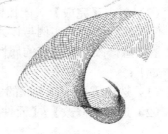

图 5-12　效果图 1	图 5-13　效果图 2	图 5-14　效果图 3

5.2　混合模式

在绘画工具的属性面板中，用户可以设置画笔与图像之间颜色的合成效果。单击【混合模式】右侧的■按钮，弹出混合模式下拉列表。

📖5.2.1　混合模式简介

混合模式可以被用在 Fireworks 的图层和对象上面，混合效果主要受被混合的图像的色彩影响，同时也受层和对象得不透明度影响。当选择使用混合模式后，Fireworks 会将它应用于所有所选对象。单个文档或单个层中的对象可以具有与该文档或该层中其他对象不同的混合模式。当具有不同混合模式的对象组合在一起时，群组对象的混合模式优先于单个对象的混合模式，一旦取消群组对象则会恢复每个对象各自的混合模式。

应用混合模式可以实现一些超现实的奇妙效果。在具体混合模式的操作中，混合的色彩和对象的不透明度不同，最终的结果颜色可能会有很大的差异。Fireworks CS6 的图层混合模式有 26 种。

📖5.2.2　混合模式实例——宝石花

01 新建一个 200×200 像素的白色画布。

02 执行【视图】/【标尺】命令，显示标尺。

03 执行【视图】/【辅助线】/【显示辅助线】和【对齐辅助线】命令。

04 拖出水平和垂直两条辅助线，将画布平分为四等分，如图 5-15 所示。

05 选择工具箱中【矩形】工具，绘制一个大小为 100×100、左上角和画布左上角对齐的矩形，如图 5-16 所示。

06 选中矩形，在【属性】面板中单击【渐变填充】按钮▣，设置其填充方式为【星状放射】，且第一个游标的颜色为黄色，第二个为红色，效果如图 5-17 所示。

07 选中矩形，按住 Alt 键拖动矩形至其他三个矩形区域，如图 5-18 所示。

08 选中 4 个矩形，单击修改工具栏上的【分组】按钮▦，组合成一个对象。

09 按 Ctrl + C 和 Ctrl + V 键复制并粘贴一个组合对象。

10 执行【修改】/【变形】/【数值变形】命令，打开【数值变形】对话框，设置变形类型为【旋转】,【角度】为30。单击【确定】按钮。

图 5-15　添加辅助线

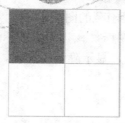
图 5-16　绘制矩形

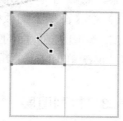
图 5-17　填充效果

11 在【图层】面板中选中复制的组合对象,设置【混合模式】为【变亮】,此时的效果如图 5-19 所示。

12 重复 **09**、**10** 步的操作。直到效果满意为止。执行【视图】/【辅助线】/【显示辅助线】命令,隐藏辅助线,最终效果如图 5-20 所示。

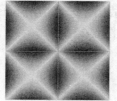

图 5-18　复制矩形

图 5-19　混合模式

图 5-20　最终效果

5.3　图层的操作

图层是 Fireworks 中的专业术语,形象地说,图层是用于绘制图像的透明画布,可以把图像的不同部分画在不同的图层中,按某种混合模式叠放在一起便形成了一幅完整的图像。而对每一个图层中的图像内容进行修改时,其他图层中的图像丝毫不受影响,这为修改、编辑图像提供了极大的方便。

5.3.1　新建图层

在处理网页图像时,一个图层往往不能创造出丰富的效果,因此,必须根据需要添加新的图层。在 Fireworks CS6 中新建图层有以下几种方法:

◆ 单击【图层】面板右下角的新建层按钮 。
◆ 选择菜单栏【编辑】/【插入】/【层】命令。

如果要添加子层,选中要添加子层的层,单击【新建子图】按钮 即可新建一个子层。

◆ 当向图像中输入文字或添加路径、导入图像时,系统将自动产生新的图层。
◆ 对选择区域内的图像进行复制操作时,系统也将自动产生一个新图层。

5.3.2　显示与隐藏图层

在处理图像的过程中,如果希望对图像进行局部处理,可以把暂时不需要显示的图层隐藏起来。隐藏与显示图层的操作步骤如下：

（1）在【图层】面板中，选择要隐藏的图层。

（2）单击图层前面的显示/隐藏图标👁，当眼睛图标消失时，则隐藏了该图层上的图像内容；再次单击【显示/隐藏】区域，显示隐藏的图层。

5.3.3　排列图层

图像中的图层位置关系直接到影响整个图像的效果，当在同一个位置上存在多个图层内容时，不同的排列顺序将产生不同的视觉效果。以下将以一个简单例子说明排列图层的效果。步骤如下：

01 新建一个文档。

02 选择【文件】/【导入】命令，导入两幅图片，摆放好位置，如图 5-21 所示。

03 在【图层】面板中，选中图层【flower】，按住鼠标左键不放，拖曳至图层【butterfly】之上。或将图层【butterfly】拖放至图层【flower】之下，效果如图 5-22 所示。

图 5-21　图像效果　　　　　　　　　　　　　　　　图 5-22　图像效果

5.3.4　删除图层

在处理图像的过程中，当不再需要某个图层时，就应该删除它，这样可以减小图像文件的大小。删除图层的步骤如下：

（1）在【图层】面板中选择要删除的图层。

（2）单击🗑按钮删除所选图层。

5.3.5　图层操作实例——2008 奥运福娃

前面介绍了图层的基本知识与基本操作，本节结合以前学过的内容制作一个 2008 北京奥运福娃宣传画。具体步骤如下：

01 单击【文件】/【新建】命令，新建一个 PNG 文档，尺寸为 550×400，颜色为白色，分辨率为 96 像素/英寸。

02 选择工具箱中的【椭圆】工具，按住 Shift 键在图像中绘制一个圆，填充方式为实心蓝色，无笔触填充。

03 复制该圆，并用【缩放】工具缩小圆，调整两个圆的位置，使其成为同心圆。选中两个圆后，执行【修改】/【组合路径】/【打孔】命令。

04 选中组合路径，在画布上粘贴 4 个相同的路径，将其颜色分别改为黑色、红色、黄色和绿色。并排列成五环形状，如图 5-23 所示。

05 选中黄色的环，点击右键，从右键菜单中选择【平面化所选】将路径转换为位图。

06 将黄环所在的层设置为当前图层，选择工具箱中的【多边形套索】工具 ，在图像上建立如图 5-24 所示的选择区域。

图 5-23　图像效果　　　　　　　　　　　图 5-24　选择区域的位置

07 点击右键，从右键菜单中选择【通过剪切新建位图】命令。

08 在【图层】面板中，用鼠标按住新建的位图层向下拖曳至蓝环所在图层之下，释放鼠标。此时，黄色圆环与蓝色圆环就套在了一起，如图 5-25 所示。

09 用同样的方法，让黄环与黑环相扣。选中绿环，并平面化所选，利用同样的方法，使绿环与红环相扣，如图 5-26 所示。

图 5-25　调整图层位置　　　　　　　　　　图 5-26　环环相扣的效果

10 选择【文件】/【导入】命令导入福娃图像，摆放好位置。

11 选择工具箱中的【文本】工具，设置字体为 Monotype Corsiva，大小为 30，颜色为黑色，然后输入 "New Beijing, Great Olympics"。

12 选中文字，在【属性】面板上选择【滤镜】/【阴影和光晕】/【投影】命令，保留默认参数。最终的效果如图 5-27 所示。

图 5-27　最终的效果

5.4 图层蒙版

图层蒙版为处理网络图像提供了一种十分灵活的手段，特别是需要隐藏或显示图像的某一部分时，使用图层蒙版非常有效。使用图层蒙版可以在不影响图像本身像素的前提下，控制图像的透明效果。Fireworks 中的蒙版分为矢量蒙版和位图蒙版两大类。矢量蒙版仅显示被遮挡物的轮廓。位图蒙版使用遮挡物象素点的属性来影响被遮挡物的效果效果。

📖 5.4.1 创建矢量蒙版

01 创建遮挡物的矢量对象或文本。选择【椭圆】绘制工具，在画布上绘制一个椭圆。笔触颜色为绿色，笔尖大小为 10，描边种类为【非自然】/【3D 光晕】，纹理为【木纹】，纹理总量为 50%，如图 5-28 所示。

02 剪切遮挡物对象。也就是剪切绘制的水滴状路径。

03 选中或导入被遮挡物。导入一幅图片，如图·5-29 所示。

图 5-28　椭圆效果

图 5-29　图像效果

04 选择菜单栏【编辑】/【粘贴为蒙版】命令。

05 在矢量蒙版的【属性设置】面板上设置蒙版属性。

矢量蒙版主要有下面 3 个属性值：

◆ 【路径轮廓】：按照遮挡物的轮廓遮挡下面的被遮挡物，轮廓内的被遮挡物显示，轮廓外的被遮挡。

◆ 【显示填充和笔触】：显示遮挡物的填充和笔画效果。

◆ 【灰度外观】：根据遮挡物和被遮挡物的明暗关系决定蒙版效果。

不同属性值的效果图分别如图 5-30~图 5-32 所示。

图 5-30　路径轮廓效果

图 5-31　显示填充和笔触效果

图 5-32　灰度外观效果

5.4.2 创建位图蒙版

01 选中或导入被遮挡物。

02 单击层面板右下角的【添加蒙版】按钮 ◙。此时层面板中该对象的名称前面显示蒙版标志 ◙。

03 选中缩略图链接符号后面的白色蒙版缩略图。

04 在位图蒙版的【属性】设置面板内设置蒙版属性。位图蒙版主要有两个属性值：

◆ 【Alpha 通道】：遮挡物作为 Alpha 通道进行遮挡。

◆ 【灰度等级】：根据遮挡物和被遮挡物的明暗关系决定蒙版效果。

05 选中或导入遮挡物。

5.4.3 粘贴于内部

下面以一个简单的实例制作演示贴入内部创建蒙版效果的方法。具体操作步骤如下：

01 选中被遮挡物。

02 选择菜单栏【编辑】/【剪切】命令。

03 在画布绘制遮挡物，选择菜单栏【编辑】/【粘贴于内部】命令，即可将被遮挡物粘贴到遮挡物内部，形成蒙版效果。使用内部粘贴制作的蒙版将保持遮挡物的笔画效果，如图 5-33 所示。

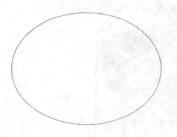
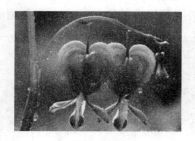

遮挡物 被遮挡物 蒙版效果

图 5-33　内部粘贴效果

5.4.4 组合蒙版

对已编辑好的多个对象，可以使用组合蒙版的方法制作蒙版效果。下面以一个简单的例子演示组合蒙版的使用方法。具体步骤如下：

01 导入一幅图片作为被遮挡物。

02 选择多边形工具，在属性面板上设置"形状"为星形，边数为 8，绘制一个星形作为遮挡物。

03 选中两个对象，选择【修改】/【蒙版】/【组合为蒙版】命令，效果如图 5-34 所示。

图 5-34　组合蒙版效果

📖5.4.5　编辑蒙版和对象

蒙版在创建后也可被编辑修改。在层面板中选中蒙版，层名称前会出现蒙版符号 ，并且蒙版缩略图上有钢笔标记。此时即可编辑修改蒙版了。

1．移动对象

要在不影响蒙版效果的前提下移动对象，可采用下面的方法：

（1）选择蒙版，然后选择层面板菜单的【禁用蒙版】命令，此时层面板该蒙版缩略图上被打上一个红色的叉。或直接单击层面板蒙版缩略图前的链接标志，使该标志隐藏。此时蒙版关系被暂时解除。

（2）在文档编辑窗口中移动对象。

（3）移动完毕后再次单击层面板中的链接标志，恢复蒙版关系。如图 5-35 所示。

图 5-35　移动对象前后的效果图

2．删除蒙版

（1）在【图层】面板中选中需要删除的蒙版。

（2）单击层面板右上角的面板菜单按钮，在弹出的下拉菜单中选择【删除蒙版】命令。然后在弹出对话框中选择删除蒙版的方式，共有 3 种：

◆　【放弃】：将蒙版直接删除。

◆　【取消】：放弃删除，保留蒙版。

◆　【应用】：将蒙版应用到被遮挡物上，并转化为位图蒙版，然后删除。

（3）选择需要的删除方式，即可删除选中蒙版。

3．将矢量蒙版转换为位图蒙版

（1）在【图层】面板上选中需要转换的矢量蒙版的缩略图。

（2）单击【图层】面板右上角的面板菜单按钮，在弹出的下拉菜单中选择【平面化所选】命令，即可将选中的矢量蒙版转换为位图蒙版。

> **注意：**
> Firework 中蒙版的转换是不可逆的，即只能将矢量蒙版转换为位图蒙版，不能将位图蒙版转换为矢量蒙版。

5.4.6 蒙版使用实例——相片合成

01 打开 Fireworks，在其中打开照片"建筑"，如图 5-36 所示。

02 选择工具箱中的多边形套索工具 ，对打开的建筑图片中的窗口进行编辑。选中所有的建筑窗口，使用 Ctrl + X 键将窗口剪切，效果如图 5-37 所示。

图 5-36 打开的照片图

图 5-37 对窗口进行操作过的效果

03 打开背景图片，如图 5-38 所示。

04 新建一个图层，将建筑对象复制到新建的子层中。选中建筑图形所在的层，单击【添加蒙版】按钮添加一个蒙版。选中新添加的蒙版对象，此时蒙版的周围显示为绿色。

05 选择工具箱中的【渐变】工具 ，在属性面板上单击 ，在弹出的面板中设置渐变方式为【线性】，第一个游标为黑色，第二个游标为白色，边缘选择【消除锯齿】；不透明度选择 100%，混合模式为【正常】；自左向右拖动鼠标，效果如图 5-39 所示。

图 5-38 背景图片

图 5-39 使用渐变工具后的效果图

06 新建一个图层，导入一幅美女图片，如图 5-40 所示。

07 在工具箱中选择【橡皮图章】工具，在【属性】面板中设置大小为 6 像素，边缘大小为 1；选中【按源对齐】复选框；单击美女唇上无亮点的地方，此时鼠标变为十字形状，单击有亮点的地方去除唇上的亮点。

08 更改嘴唇的颜色。使用工具箱中的【多边形套索】工具选中唇形。选择菜单【滤镜】/【调整颜色】/【色阶】命令，打开【色阶】对话框。选择第二个滴管工具，使用滴管在眼睛部分选择肉红色，如图 5-41 所示。

09 在菜单栏选择【滤镜】/【调整颜色】/【色相/饱和度】命令，进行调整，得到满意效果。

10 调整美女眼睛下部的亮度。选择工具箱中的【减淡】工具，在属性面板中设置大小为 13，边缘选择 100；形状选择【圆型】，范围选择【中间影调】。单击鼠标，此时出现一个圆型。通过单击鼠标将重颜色的区域改变为淡颜色，效果如图 5-42 所示。

11 调整美女照片的大小。选择菜单【修改】/【变形】/【数值变形】/【缩放】命令，打开【缩放】对话框，输入缩放值为 50%。

12 在【图层】面板中单击【新建蒙版】按钮 新建蒙版。选中新建的蒙版，在工具箱中选择【刷子】工具，然后在属性面板上设置笔触大小为 50，方式为【柔滑圆型】；选中【保持透明度】对话框，蒙版选择【灰度等级】选项。通过鼠标拖动，实现蒙版效果如图 5-43 所示。

图 5-40　打开的美女图像

图 5-41　改变唇色后的效果

图 5-42　淡化后的效果

图 5-43　蒙版效果图

13 在【图层】面板中显示建筑和沙滩所在层。根据各个对象的位置分别对他们进行调整，得最后的效果图，如图 5-44 所示。

图 5-44　最后效果图

5.5　本章小结

　　本章通过一些针对性非常强的实例阐述了 Fireworks 中的元件、样式和层三个工具的概念及操作技巧。利用元件可以实现对象的重复使用及自动更新；利用样式可以快捷地将一个对象的属性应用到其他多个对象上；图层的使用贯穿于整个图像处理的过程之中，通过层可以方便地对对象进行编辑和实现特殊效果的处理，如图像的合成、特效处理等。

5.6　思考与练习

　　1．在 Fireworks CS6 中，共有三种类型的元件，分别是_____、_____、_____。

　　2．一旦为图层创建了图层蒙版，则图层缩略图与蒙版缩略图之间将出现　　　　　　，这时，在图像窗口中移动图层或蒙版时，两者的相对位置将保持不变。

　　3．什么是混合模式？Fireworks CS6 中的混合模式有哪些？

　　4．图层蒙版有哪些？如何在不影响蒙版效果的前提下移动对象？

　　5．如何显示或隐藏图层？

　　6．矢量蒙版和位图蒙版能相互转换吗？如何将矢量蒙版转换为位图蒙版？

　　7．如果希望在不影响蒙版效果的前提下移动对象，该怎样操作？

　　8．练习图层蒙版的各种使用方法，并比较效果。

第 5 章　元件和图层

第 6 章　滤镜和效果

本章导读

　　在位图处理过程中，常常要使用滤镜和特效。滤镜用于对图像的色彩进行过滤，从而产生图像效果。特效是一些预设效果的组合。使用滤镜和特效可以很轻松地实现许多自然界中常见的效果，使用户可以轻而易举地创造出眩目的艺术图像。

- 📖　滤镜的基本操作
- 📖　效果介绍
- 📖　自定义效果

6.1　滤镜的基本操作

滤镜是扩展图像处理能力的主要手段。同 Photoshop 一样，Fireworks 含有滤镜功能。使用 Fireworks 的内置滤镜，可以完成许多专业图像处理程序完成的工作。不但如此，Fireworks 还支持 Photoshop 或其他第三方厂商生产的滤镜，或者直接安装使用，因此它的图像处理能力几乎是无限的。

在 Fireworks 中，通过选择【滤镜】菜单上的滤镜命令即可为图像添加滤镜效果。

（1）选择需要使用滤镜的区域；如果不选择，则对整幅图像使用滤镜。

（2）选择【滤镜】菜单相应的滤镜命令。

（3）设置滤镜参数。

（4）设置完毕，单击【确定】按钮，即可将滤镜作用于所选区域上。

（5）如果对使用的滤镜不满意，可以选择菜单栏【编辑】/【撤消】命令，或使用 Ctrl +Z 键，撤消滤镜操作。

滤镜是作用在位图图像上的，如果要对矢量对象使用滤镜，Fireworks 会弹出信息提示窗口，提示用户该操作将把矢量对象转换为位图图像。

6.2　使用内置滤镜

Fireworks CS6 中有许多内置滤镜。使用内置滤镜可以完成很多常见的图像处理工作。

📖6.2.1　新增杂点

在图像编辑中，【杂点】是指组成图像的像素中随机出现的异种颜色。向图像中添加杂点，可以模仿旧照片或电视屏幕静电干扰的艺术效果。

下面以一个简单例子演示新增杂点的使用方法。具体步骤如下：

01 选择要添加效果的图像，如图 6-1 所示。

02 选择【滤镜】/【杂点】/【新增杂点】命令。

03 在弹出的【新增杂点】对话框中拖动【数量】滑块以设置杂点数量。值的范围从 1 到 400。增加数量将导致图像中出现更多随机出现的像素。

04 选中【颜色】复选框以应用彩色杂点，如图 6-2 所示。如果不选中该复选框，则应用单色杂点，如图 6-3 所示。

图 6-1　原始图像　　　　　图 6-2　颜色杂点　　　　　图 6-3　单色杂点

05 单击【确定】按钮。

6.2.2 模糊

模糊操作主要用于将图像中的选区模糊化，生成朦胧的效果。下面以一个简单实例演示模糊滤镜的使用方法。具体操作如下：

01 在图像中选中要处理的像素区域，如图 6-4 所示。

02 选择【滤镜】/【模糊】/【模糊】命令，即可实现对图像的模糊，如图 6-5 所示。

03 如果想进一步模糊，可以继续选择【滤镜】/【模糊】/【进一步模糊】命令。

04 如果希望自定义模糊的程度，可以选择【滤镜】/【模糊】/【高斯模糊】命令。打开【模糊】对话框。

05 拖动对话框上的【模糊半径】滑块，可以改变模糊的程度。有效值的范围是 0.1～250，数值越大，模糊的程度越大，如图 6-6 所示。

图 6-4　原始图像　　　　　图 6-5　模糊效果　　　　　图 6-6　高斯模糊效果

06 单击【确定】，调节完毕。

此外还有【放射状模糊】、【缩放模糊】、【运动模糊】。操作如下：

01 在图像中选中要处理的像素区域，如图 6-7 所示。

02 选择菜单中的【滤镜】/【模糊】/【放射状模糊】或【缩放模糊】、【运动模糊】命令，分别打开相应的模糊对话框。

03 设置对话框中的参数，满足模糊效果，如图 6-8~图 6-10 所示。

图 6-7　模糊前的图像　　　　　　　　　　图 6-8　放射状模糊效果

图 6-9　缩放模糊效果　　　　　　　　　　图 6-10　运动模糊效果

📖 6.2.3 锐化

锐化滤镜主要是增加图像中相邻像素的对比度，使图像清晰化，可以实现增强局部细节的效果。它的作用类似于调节照相机的焦距，使景物变清晰一样。通常用于处理细节不清楚的图片，或是在一幅图片中精细显示局部的内容。

下面以一个简单实例演示锐化滤镜的使用方法。具体操作如下：

（1）在图像中选中要处理的像素区域，如图6-11所示。

（2）选择菜单命令【滤镜】/【锐化】/【锐化】，效果如图6-12所示。

（3）若想对图像进一步锐化，可以选择菜单命令【滤镜】/【锐化】/【进一步锐化】。

（4）若想自定义锐化的程度，可以选择菜单命令【滤镜】/【锐化】/【锐化蒙版】，效果如图6-13所示。

（5）在【锐化蒙版】中设置锐化选项。

◆ 拖动【锐化量】的滑块改变锐化效果的强度。通常先将其调节到标尺中部，等设置完其他两个选项后再进行调节。

◆ 拖动【像素半径】的滑块设置锐化的像素范围，半径值越大，效果应用的程度就越深；半径越小，效果应用的程度就越小。

◆ 拖动【阈值】的滑块设置进行锐化的像素的对比度。超过阈值对比度的像素被锐化，未超过阈值对比度的像素不被锐化。通常选择2～25之间的数值作为阈值。如果设置为0，则所有的像素都被锐化。

◆ 调节完毕，单击【确定】完成调节。

　　图6-11　锐化前的图像　　　　图6-12　锐化效果　　　　图6-13　锐化蒙板效果

📖 6.2.4 亮度/对比度

使用Fireworks中的【亮度/对比度】滤镜，可以修改选中区域中像素的亮度和对比度。通过这种特性，可以生成高亮、阴影或中间色调的图像。具体操作如下：

（1）在图像中选中要处理的像素区域，若对整幅图像进行处理，可以不选中任何区域。

（2）选择【滤镜】/【调整颜色】/【亮度/对比度】命令。打开亮度和对比度对话框。

（3）拖动【亮度】标尺上的滑块改变图像的亮度。通常，亮度值越大，图像越亮；亮度值越小，图像越暗。图6-14显示了不同亮度下的图像差别。

（4）拖动【对比度】标尺上的滑块改变图像的对比度。通常，对比度值越大，图像中的颜色反差就越大；对比度值越小，图像中的颜色反差就越小。图 6-15 显示了不同对比度下的图像差别。

（5）调节完毕，单击【确定】按钮，完成对亮度和对比度的操作。

图 6-14　不同亮度的图形对比

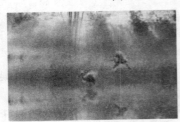

图 6-15　不同对比度的图形对比

6.2.5　反转

反转滤镜能将图像反色，实际上是将颜色值的二进位数依次取反。具体操作如下：

（1）在图像中选中要处理的像素区域。

（2）选择【滤镜】/【调整颜色】/【反转】命令，效果如图 6-16 所示。

图 6-16　反转效果

6.2.6　调整色阶

在 Fireworks 中，可以自动调整图像的色阶，也可以手动调整色阶。

选择【滤镜】/【调整颜色】/【自动色阶】命令，Fireworks 会根据图像信息自动调节色阶。该滤镜操作简单，但是效果较差，适用于要求不高的图像。本小节侧重说明手动调整色阶的方法。

（1）选择【滤镜】/【调整颜色】/【色阶】命令打开【色阶】对话框，如图 6-17 所示。

（2）在【通道】栏选择 RGB 颜色模型的颜色通道。

（3）拖动直方图下面的三角形滑块调整色阶，拖动时在对话框上部的【输入色阶】栏内显示对应的色阶值。通过直方图可以了解图像的色值分布，X 轴表示从最暗的颜色到最亮的颜色的色值，Y 轴表示不同亮度级所分布的像素点个数。如果像素点集中于阴影区或高光区，说明有必要通过调整色阶来优化图像显示效果。

（4）拖动对话框下部的对比度调整条上的滑块调节图像的对比度。拖动时在【输出】栏内显示阴影区和高光区的亮度值。

（5）也可以使用对话框上的滴管工具调节图像色阶，效果如图 6-18 所示。

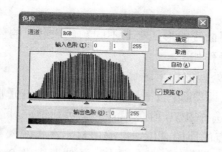

图 6-17　色阶滤镜的参数设置对话框

图 6-18　调整色阶前后的效果对比图

6.2.7　色相/饱和度

使用 Fireworks 中的色相/饱和度滤镜，可以调节选中区域中像素的色相、饱和度和亮度。具体操作如下：

（1）在图像中选中要处理的像素区域。

（2）选择【滤镜】/【调整颜色】/【色相/饱和度】命令。打开【亮度和对比度】对话框。

（3）拖动【色相】区域标尺上的滑块改变图像的色调。

（4）拖动【饱和度】区域标尺上的滑块改变图像的饱和度。

（5）拖动【亮度】区域标尺上的滑块改变图像的光照度。

（6）如果选中【彩色化】复选框，则将 RGB 颜色模型的图像改变为两色图像，如果图像是灰度图像，则会往其中添加颜色，如图 6-19~图 6-21 所示。

（7）调节完毕，单击【确定】按钮，完成对亮度和对比度的操作。

图 6-19　原图　　　　　图 6-20　色相/饱和度效果　　　　图 6-21　彩色化效果

6.2.8　曲线

利用曲线滤镜，可以用曲线的形式来对不同颜色通道中的色彩、明暗度及对比度进行综合性的统一设置。具体操作如下：

（1）在图像中选中要处理的像素区域。

（2）选择【滤镜】/【调整颜色】/【曲线】命令。打开【曲线】对话框。

（3）在【通道】栏内选择 RGB 颜色模式的颜色通道。对话框下部显示该通道的色阶分布。其中 X 轴表示像素点的原始亮度，准确值显示在【输入】文本框中；Y 轴表示调整后的新亮度，准确值显示在【输出】文本框中。数值范围是 0～255，0 表示最暗，255 表示最亮。

（4）将鼠标移到色阶曲线上，按住并拖动鼠标，即可调整色阶。单击 X 轴的任意位置，可以切换高光和阴影的表示方向，如图 6-22 所示。

图 6-22　曲线调整前后的对比图

用户也可以使用滴管工具调节色阶。方法如下：

（1）选中想要调整色阶的区域。

（2）在【通道】栏内选择欲调整的 RGB 颜色通道。

（3）单击曲线滤镜的参数设置对话框中的滴管工具按钮，共有 3 种选择：

● ✒️【选择阴影颜色】：有黑色墨水的滴管，用于调节阴影区域的亮度值。

图 6-23　滴管调整色阶前后的对比图

- ✏ 【选择中间色调颜色】：有灰色墨水的滴管，用于调节中间色调区域的亮度值。
- ✏ 【选择高亮颜色】：有白色墨水的滴管，用于调节高光区域的亮度值。

（4）使用滴管工具在图像上单击相应的像素点即可调节该处的色阶，如图 6-23 所示。

📖 6.2.9 查找边缘

当为图像添加查找边缘滤镜后，可将图像中颜色对比较深的部分转变成线条，从而使图像看起来有点像线条画。具体操作如下：

（1）在图像中选中要处理的像素区域。

（2）选择【滤镜】/【其他】/【查找边缘】命令，如图 6-24 所示。

 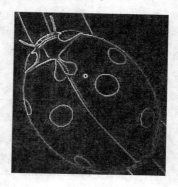

图 6-24 查找边缘前后的对比图

📖 6.2.10 转换为 Alpha

为图像添加该滤镜后，将基于图像的透明度把对象转换成黑白的半透明状。具体操作如下：

（1）在图像中选中要处理的像素区域。

（2）选择【滤镜】/【其他】/【转换为 Alpha】命令，如图 6-25 所示。

图 6-25 转换为 Alpha 前后的对比图

6.3 安装 Photoshop 滤镜

Photoshop 的滤镜功能非常强大。用户使用 Fireworks 处理图像时可以导入 Photoshop 滤镜，从而增强 Fireworks 的图像处理能力。但需要注意的是，Photoshop 6.0 及其更高版本的插件与 Fireworks CS6 不兼容。

安装 Photoshop 的滤镜的具体操作如下：

（1）选择【编辑】/【首选参数】命令，切换到【插件】选项卡，如图 6-26 所示。

（2）选中【Photoshop 插件】复选框，弹出【选择 Photoshop 插件文件夹】对话框。

（3）选择插件目录，单击【打开】按钮，选择插件文件，完成 Photoshop 插件的安装。

（4）重新启动 Fireworks，打开【滤镜】菜单，可以使用安装的 Photoshop 滤镜。

（5）若想在滤镜中删除 Photoshop 插件和滤镜，在如图 6-26 所示的对话框中清除【Photoshop 插件】复选框，然后重新启动 Fireworks 即可。

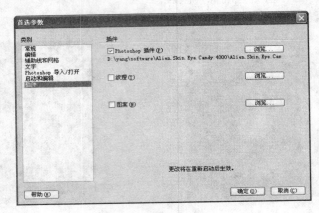

图 6-26　参数选择对话框

6.4　滤镜应用实例

6.4.1　实例制作 1——雨景

01 在 Fireworks 编辑窗口打开一张做为背景的图片，如图 6-27 所示。

02 在【图层】面板中单击【新建/重制层】按钮新建一个图层。

03 选中新建的图层，在工具箱中选择【矩形】工具，无笔触填充颜色，内部填充颜色为黑色。在图片上绘制一个大出画布的矩形。

04 选中矩形，在【属性】面板上选择【滤镜】/【杂点】/【新增杂点】命令，在弹出的【新增杂点】对话框中设置杂点数量为 400。不选择【颜色】复选框。单击【确定】按钮，此时的效果如图 6-28 所示。

05 在【属性】面板上选择【滤镜】/【模糊】/【运动模糊】命令，在弹出的【运动模糊】对话框中设置角度为 240，距离为 15，单击【确定】按钮。此时的效果如图 6-29 所示。

06 在【属性】面板上设置当前层的不透明度为 20%，混合模式为【正常】。此时的效果如图 6-30 所示。

07 选择【窗口】/【状态】命令，打开【状态】面板。选中第个 1 状态，拖放到【状态】面板底部的【新建/重制状态】按钮上重制一个状态。

08 选择【状态 2】，将矩形向左下方移动。

09 重复第 **07** 、 **08** 的步骤再重制一个状态，并将矩形再向左下方移动。

10 单击编辑窗口底部的播放按钮，即可看到逼真的雨景了。

图 6-27 原始图像

图 6-28 新增杂点效果

图 6-29 运动模糊效果

图 6-30 图层混合效果

6.4.2 实例制作 2——霓虹灯效果

01 打开一幅线条清晰的 RGB 图像，如图 6-31 所示。

02 选中图片，在【属性】面板中选择【滤镜】/【模糊】/【高斯模糊】命令。在弹出的对话框中设置模糊半径为 0.8，单击【确定】按钮。

03 选中图片，在【属性】面板中选择【滤镜】/【其他】/【查找边缘】命令，此时的图像效果如图 6-32 所示。

图 6-31 原始图像

图 6-32 查找边缘效果

04 在【属性】面板中选择【滤镜】/【锐化】/【锐化蒙版】命令。在弹出的对话框中设置锐化量为 200，像素半径为 60，阈值为 30。单击【确定】按钮，此时的图像效果如图 6-33 所示。

05 在【图层】面板中将背景层拖放到【新建/重制层】按钮 上复制背景层。

06 选中复制的背景层，在【属性】面板中设置其混合模式为【屏幕】，此时的效果如图 6-34 所示。

图 6-33　锐化效果　　　　　　　　　　图 6-34　图层混合效果

07 选中复制的背景层，在【属性】面板中选择【滤镜】/【模糊】/【高斯模糊】命令。在弹出的对话框中设置模糊半径为 10 像素。

08 按下 F12 预览图像，最终效果如图 6-35 所示。

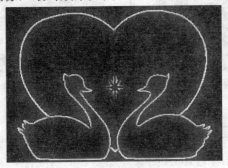

图 6-35　图像最终效果

6.4.3　实例制作 3——极光字

01 新建一个 PNG 文件。设置背景为黑色。

02 选择工具箱中的【文本】工具，在【属性】面板中设置字体为华文行楷，大小为 80，颜色为白色，如图 6-36 所示。

03 选中文本，执行【文本】/【转换为路径】命令，将字体转换为路径。

04 在【属性】面板中，设置内部填充颜色为▨，笔尖大小为 3，颜色为白色，描边种类为【随机】/【五彩纸屑】，边缘大小为 25。此时的效果如图 6-37 所示。

图 6-36　输入文字　　　　　　　　　　图 6-37　描边效果

05 选中文本，在属性面板中选择【滤镜】/【EYE CANDY 4000】/【运动痕迹】命令，打开【运动痕迹】对话框，如图 6-38 所示。

06 在对话框中设置方向为 270，设置长度为 240，锥度为 90，不透明性为 50，此时文本的效果如图 6-39 所示。

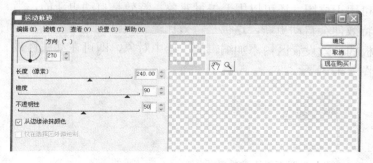

图 6-38 【运动痕迹】对话框   图 6-39 运动痕迹效果

07 复制并粘贴 3 个做好的字体效果。选中复制的字体，在滤镜列表中双击【运动痕迹】滤镜，打开对应的对话框，将方向分别更改为 0、90、180，此时文本的效果如图 6-40 所示。

08 将 4 个不同方向的运动轨迹字体效果合并在一起，得到的效果如图 6-41 所示。

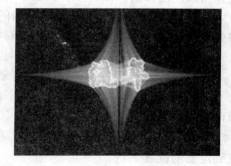

图 6-40 滤镜效果   图 6-41 文本效果

09 选中 4 个不同方向的运动轨迹字体，单击编辑窗口底部的【分组】按钮，将 4 个对象组合成一个整体。

10 选中组合字体，在【属性】面板上选择【滤镜】/【调整颜色】/【颜色填充】命令，设置填充颜色、混合模式和不透明度，最终效果如图 6-42 所示。

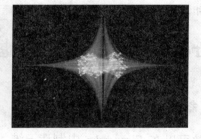

图 6-42 极光字效果

第 6 章　滤镜和效果

6.5　特效的基本操作

Fireworks 内置了多种特效，用户还可将现有的滤镜和 Photoshop 滤镜作为特效使用。滤镜只能用于位图，特效不仅可用于位图，还可以用于矢量对象。特效是自动更新的，当用户修改了对象，该对象上的特效便会自动更新，这也是特效比滤镜灵活的地方。

特效是在【属性】设置面板的特效设置区内添加编辑的。选中对象，即可在其属性设置面板上看到特效设置区，如图 6-43 所示。

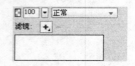

图 6-43　属性设置面板上的特效设置区

要为矢量对象添加特效，一般可按如下方法操作：

（1）选中需添加特效的对象。

（2）单击【属性】设置面板特效设置区的【添加动态滤镜】按钮，在下拉列表中选择需添加的特效。在特效参数栏中设置特效参数。

（3）设置完毕，在文档编辑窗口的空白处单击鼠标，即可将特效添加到矢量对象上。特效设置区的特效列表中也会显示该对象的所有特效。

（4）重复（3）步，可以为矢量对象添加多个特效。

（5）双击特效列表中已添加的特效的名称，即可调出特效参数栏进行修改编辑。

（6）单击特效列表中特效的名称，再单击特效设置面板上的【删除动态滤镜】按钮，即可删除该特效。

（7）若要改变特效的应用顺序，在特效列表中选中希望改变应用顺序的特效名，拖曳到需要的位置上。

（8）应用到对象上的特效较多较复杂时，在修改对象后，重绘操作会占用很多计算机时间。为避免这种情况，可单击编辑列表中特效名前面的，临时禁止某些特效。修改完毕后，单击特效名前面的激活特效。

Fireworks 内置特效中的调整颜色、模糊、其他、锐化、Eye Candy 4000 LE、Alien Skin Splat LE 属于一类，其使用方法与对应的滤镜使用方法一致。还有一类没有对应滤镜的特效，如斜角和浮雕、阴影和光晕特效。下面一节将详细介绍这类特效的功能及使用方法。

6.6　Fireworks CS6 动态滤镜

6.6.1　斜角

斜角特效可以在 Fireworks 中制造三维效果，分为内斜角和外斜角两种。内斜角将对象向内倾斜一定角度；外斜角将对象向外倾斜一定角度。

使用斜角特效的具体步骤如下：

（1）选中要应用特效的对象。

（2）在【属性】面板上选择【滤镜】/【斜角和浮雕】/【内斜角】或【外斜角】命令。

（3）设置斜角参数。

（4）在文档编辑窗口的空白处单击鼠标。

例如，对图 6-44 左边的图像添加内斜角特效得到中间的图；添加外斜角特效，且斜角颜色为橙色，得到右边的图。

图 6-44　斜角效果

6.6.2　浮雕

浮雕特效包括凸起和凹入浮雕两种特效。浮雕特效可以使图像从背景上凸出或凹陷下去，从而创建一种凝重的艺术效果。根据参数设置不同，可以产生各种需要的的立体效果和浮雕效果。

下面以一个简单例子说明浮雕特效的使用方法。具体步骤如下：

01 新建一个画布。选择【矩形】工具绘制一个大小和画布相同的矩形，填充色为【灰色】，纹理为【砂纸】。

02 选择【文本】工具，设置字体和大小后，在画布上输入"浮雕"两字。

03 选择文本，在【属性】面板上选择【滤镜】/【斜角和浮雕】/【凸起浮雕】或【凹入浮雕】命令。

04 设置浮雕宽度均为 8。其他不变。

05 在文档窗口的空白处单击鼠标。效果分别如图 6-45 和图 6-46 所示。

图 6-45　凸起浮雕效果　　　　　　　　　图 6-46　凹入浮雕效果

6.6.3　阴影

使用阴影特效可以实现光线照射对象生成阴影的效果，由投影、内侧阴影和纯色阴影组成。投影特效在背景上生成阴影；内侧阴影特效在对象内部生成阴影；纯色阴影是 Fireworks CS6 新增的特效，可以对多次所应用到的对象印上标记。

下面以一个简单例子演示阴影特效的使用方法。具体步骤如下：

01 新建一个画布。在工具箱中选择螺旋形工具绘制一个形状，填充颜色为浅蓝色，笔尖大小为 10，如图 6-47 所示。

02 选中形状，在【属性】面板上选择【滤镜】/【阴影和光晕】/【内侧阴影】或【投影】命令。

03 设置内侧阴影的宽度为 10；投影的宽度为 10，颜色为黑色；纯色阴影的角度为 45，距离为 30，选中【纯色】复选框。最终效果对比图如图 6-48~图 6-50 所示。

图 6-47 原始图形　　　图 6-48 内侧阴影　　　图 6-49 投影　　　图 6-50 纯色阴影

如果在应用内侧阴影或投影效果时，选择了【去底色】复选框，则只显示阴影，如图 6-51~图 6-53 所示。

图 6-51 原始图形　　　图 6-52 内侧阴影　　　图 6-53 去底色效果

6.6.4 光晕

Fireworks 中发光特效有两种，一种是普通的发光特效，另一种是内部发光特效。普通的发光特效将光芒显示在对象之外，而内部发光特效则将光芒显示在对象内部。

下面以一个简单例子演示阴影特效的使用方法。具体步骤如下：

01 打开一张图片。选择【文本】工具，填充颜色为白色，字体为"华文彩云"。在图片上输入"一片冰心"4 个字。

02 选中文字，在【属性】面板上选择【滤镜】/【阴影和光晕】/【内侧光晕】或【光晕】命令。

03 设置发光的宽度均为 5；颜色为绿色。内侧光晕效果如图 6-54 左图所示；光晕效果如图 6-54 右图所示。

图 6-54 光晕效果

6.6.5　颜色填充

利用颜色填充特效可以用指定的颜色完全替代像素，或者将颜色混合到现有对象中，从而快速更改对象的颜色。

下面以一个简单实例演示颜色填充的使用方法。具体步骤如下：

01 打开一幅图片，如图 6-55 所示。

02 在【属性】面板中单击【添加动态滤镜】按钮，然后选择【调整颜色】/【颜色填充】命令。

03 设置填充颜色为橙色，其透明度为 30%，混合模式为【排除】。

04 按 Enter 键，此时效果如图 6-56 所示。当混合模式为【图章】时，效果如图 6-57所示。

图 6-55　原始图形

图 6-56　排除效果

图 6-57　图章效果

6.7　自定义效果

通过保存效果到样式可以将编辑好的特效或特效组应用到多个对象上。这种特效或特效组合称作自定义效果。

下面以一个简单的实例演示自定义效果的方法。具体操作如下：

01 打开一张图片，如图 6-58 所示。

02 选中图片，在【属性】面板上选择【滤镜】/【杂点】/【新增杂点】命令。设置杂点数量为 20。

03 在【属性】面板上选择【滤镜】/【Alien Skin Splate LE】/【Edges】命令。设置边缘宽度为 50。此时的效果如图 6-59 所示。

图 6-58　原始图形

图 6-59　边缘效果

04 执行【窗口】/【样式】菜单命令，打开【样式】面板。

05 单击【样式】面板右上角的面板菜单按钮，在弹出的下拉菜单中选择【新建样式命令】，弹出【新建样式】对话框。

06 在【名称】文本框中填写新的样式名，并在【属性】区域进行相应设置。

07 单击【确定】按钮，将自定义特效保存为新的样式。

08 打开另一幅图片，如图 6-60 所示。直接单击【样式】面板中对应的样式即可应用自定义效果，如图 6-61 所示。

图 6-60　原始图形　　　　　　　　　　　图 6-61　应用自定义效果

6.8　效果应用实例

6.8.1　实例制作 1——巧克力按钮

01 在 Fireworks 中新建一个文件。

02 选取工具箱的椭圆绘制工具，按住 Shift 键，在编辑区绘制一个圆。颜色填充为蓝色，效果如图 6-62 所示。

03 选中绘制的圆形对象，选取工具箱中的【扭曲】工具，拖动鼠标对圆形对象做一些变形处理，使其变成一个倾斜的椭圆，变形后的效果如图 6-63 所示。

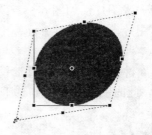

图 6-62　圆形对象　　　　　　　　　　　图 6-63　变形后的圆形图像

04 选中变形后的对象，选择【属性】面板，添加【滤镜】/【Eye Candy 4000】/【斜面】效果，打开【斜面】对话框，如图 6-64 所示。【基本】选项不用进行修改了，采用默认值即可；【光线】选项也采用默认值；【斜面预置】选项选择最上方的【按钮】预设选项，点击【确定】即可。

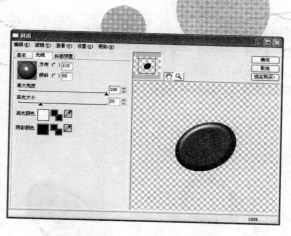

图 6-64　【斜面】参数设定

05 选中编辑区的对象，执行【编辑】/【克隆】命令或使用快捷键 Ctrl + Shift +D。克隆一个相同的倾斜椭圆对象。选中克隆对象，执行【修改】/【变形】/【数值变形】命令。打开【数值变形】对话框。在弹出的对话框中设定，变形方式选择【缩放】，水平和垂直缩放比例均设为 70，下面的两个复选框保持默认的勾选状态，如图 6-65 所示。

06 选中克隆对象，再次执行 Ctrl + Shift + D，原地再次克隆一个缩放后的椭圆对象，如图 6-66 所示。

07 同时选中最初的椭圆对象和一个缩放后的克隆对象，执行【修改】/【组合路径】/【打孔】命令，将其打孔。效果如图 6-67 所示。

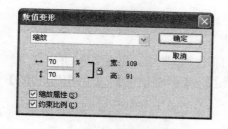

图 6-65　【数值变形】对话框　　　图 6-66　缩放后的效果　　　图 6-67　打孔后的按钮

08 选中打孔后生成的椭圆环对象，选择【属性】面板，选择【滤镜】/【Eye Candy 4000】/【斜面】，在弹出的设置框中进行如下设定：【基本】选项保持默认。【斜面预置】选项也保持默认。【光线】选项需要进行一些简单的调整，具体的数值大小根据椭圆环的大小来设定。调整的目的是要产生圆环的高光点效果。调整时可以在预览窗口观察到调整效果，如图 6-68 所示。

09 选择【文本】工具，选择【属性】面板，字体选择 Impact，大小选择 16，颜色填充选择白色，边缘效果选择【平滑消除锯齿】，在按钮中添加文本对象 "NEWS"，效果如图 6-69 所示。

10 选择【属性】面板，选择【滤镜】/【阴影和光晕】/【光晕】。打开【光晕】效果编辑框，给按钮添加一种外发光效果。发光强度为 5，不透明度为 50%，柔和度为 12，位移为 0，效果如图 6-70 所示。

11 使用快捷键 Ctrl +C 和 Ctrl + V，复制几个制作好的按钮。在【属性】面板上选择【滤镜】/【调整颜色】/【色相/饱和度】，打开【色相和饱和度】对话框，分别调节几个滑动游标，得到的效果如图 6-71 所示。

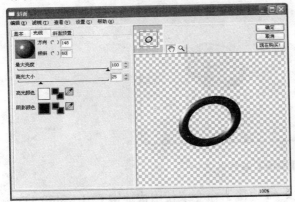

图 6-68 【光线】选项卡   图 6-69 添加文字效果   图 6-70 发光效果图

图 6-71 按钮效果图

6.8.2 实例制作 2——木纹画

01 单击菜单栏中【文件】/【打开】命令，打开一幅图像，如图 6-72 所示。

02 选中图像，单击【属性】面板上的【滤镜】/【调整颜色】/【色相/饱和度】命令，将图像转为灰度图像，如图 6-73 所示。

图 6-72 原始图形   图 6-73 灰度图像

03 单击【属性】面板中的【滤镜】/【其他】/【查找边缘】命令，此时的图像效果如图 6-74 所示。

04 如果边缘不够清晰，单击【属性】面板中的【滤镜】/【锐化】/【锐化蒙版】命令，设置锐化量为 50。

05 在工具箱中选择矩形工具，在画布上绘制一个与图像大小相同的矩形。

06 在属性面板上单击【图案填充】按钮 <img>，在弹出的图案列表中选择【木纹 3】；无笔触填充颜色。

07 在【图层】面板中选中矩形所在图层，拖放到图像所在层下方。

08 在【图层】面板中，将图像所在层的混合模式设置为【去除】，不透明度为 50%，效果如图 6-75 所示。

图 6-74　查找边缘效果

图 6-75　了图像最终效果

6.8.3　实例制作 3——网页图标

01 执行【文件】/【新建】，打开【新建文档】对话框，将宽度设置为 600 像素，高度设为 400 像素，分辨率设为 96 像素/英寸，画布颜色选择白色，如图 6-76 所示。

02 在工具箱中选择【文本】工具 **T**。

03 打开【属性】面板，字体选择 Milano LET，字号为 100，加粗和倾斜。字体间距设置为-200，无笔触填充，字体颜色填充为深蓝。

04 在文档工作窗口单击鼠标，输入文本 "FW"，效果如图 6-77 所示。

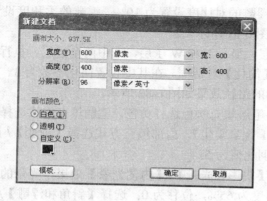

图 6-76　新建画布对话框

图 6-77　新建文本对象

05 在文本框中双击，选中 "W" 字符，将其字体大小改为 30，如图 6-78 所示。

06 选中文本对象，执行【文本】/【转化为路径】。然后单击修改工具栏中的【取消分组】按钮 <img>，效果如图 6-79 所示。

图 6-78　改变字体　　　　　　　　图 6-79　转换为路径

07 选中文本路径，在属性面板上设置笔触和填充颜色为红色；笔触的填充方式为【描边内部对齐】，笔尖大小为 1 像素，描边类型为【铅笔】/【1 像素柔化】。单击【渐变填充】按钮，设置渐变方式为【放射状】，颜色为红白渐变。边缘选择【消除锯齿】。效果如图 6-80 所示。

08 选择菜单【窗口】/【层】命令，打开【图层】面板。单击【新建位图图像】按钮，添加一个新的对象子层。在新建的对象子层中，选择【椭圆】工具，按住 Shift 键，绘制一个圆。然后隐藏含有字符 F 和 W 的子层。

图 6-80　填充效果　　　　　图 6-81　填充与效果图　　　　图 6-82　简化路径效果图

09 选中圆形子层，选择笔触填充颜色为黄色，笔触填充的方式选择【描边内部对齐】，内部填充方式选择【渐变】/【放射状】，颜色为白黄渐变。

10 打开【属性】面板，选择【斜角和浮雕】/【凸起浮雕】效果。打开【凸起浮雕】对话框，浮雕的作用范围设置为 5，浮雕的对比度设置为 10%，浮雕的柔和度设置为 10，浮雕的光源角度设置为 135。效果如图 6-81 所示。

11 在图层面板中隐藏圆形子层，显示 F 和 W 子层，选中两个子层，执行【修改】/【改变路径】/【简化】命令，打开【简化】对话框。在其中设置简化参数为 3。单击【确定】按钮，简化选中的路径。简化后的路径效果如图 6-82 所示。

12 选中字符 F 和 W 的路径，笔触填充颜色选择黄色，笔触填充方式选择【描边内部对齐】，描边种类选择【铅笔】/【1 像素柔化】，内部填充方式选择【渐变】/【条状】，颜色为红黄渐变，边缘为【羽化】，羽化值为 5。

13 打开【属性】面板，选择【阴影和光晕】/【内侧光晕】效果，光晕的颜色为黄色，强度为 3，柔和度为 10，不透明度为 65%，位移为 0；选择【斜角和浮雕】/【凸起浮雕】效果，浮雕的宽度为 3，不透明度为 65%，柔和度为 4，角度为 135°。填充效果如图 6-83 所示。

14 打开【图层】面板，将三个对象层完全显示，效果如图 6-84 所示。

图 6-83　效果的填充图　　　　　　　图 6-84　完全显示的效果

6.9　本章小结

　　滤镜是 Fireworks CS6 中最具有创意的一部分，使用它可以生成千姿百态的图像效果。在本章中，我们简明扼要地描述了每一种滤镜的的功能与应用，并给出了各种滤镜的实例效果。在实际应用过程中，这些滤镜通常要有目的地组合使用，才能使作品达到预期的效果。

　　另外，在实际运用中，滤镜参数设置不同、使用顺序不同、滤镜组合不同，图像的效果也不同。建议读者多研究一下每个滤镜的使用参数，以设计出更美妙的作品。

6.10　思考与练习

　　1. 使用滤镜时，如果要对图层的某一部分应用滤镜，则先选择_____；如果要对整个图层应用滤镜，则选择_____。

　　2. 使用斜面和浮雕样式时可以选择 5 种样式，分别是_____、_____、_____、_____、_____。

　　3. 请综合运用滤镜创建金属字效果。

　　4. 滤镜和效果有什么区别？

　　5. 自定义一种效果，并运用于对象。

　　6. 综合动作滤镜或效果设计并制作一幅艺术作品。

第 6 章　滤镜和效果

第 7 章 滤镜和效果

本章导读

Fireworks 允许用户保持全局的代码风格，并且为特定的客户、任务甚至图像选择合适的代码风格，与 Dreamweaver 和 FrontPage 等网页制作软件能够具备很好的交互功能。

本章将介绍 Fireworks CS6 中的 HTML 代码的使用，内容包括 HTML 语言的基础、在 Dreamweaver 中的 Fireworks 代码的应用、Fireworks 中 HTML 代码的复制等。

 学 习 要 点

- HTML 基本语法
- 常用标记
- 复制 HTML 代码

7.1 HTML 简介

用户在制作站点或处理网页图像时，常常需要在 Web 站点制作软件和图形处理软件之间进行交互。Fireworks 作为一种综合性很强的 Web 图形处理工具，生成的所有图形都可以通过各种方法发布到 Web 上。Fireworks 允许用户保持全局的代码风格，并且为特定的客户、任务甚至图像选择合适的代码风格，与 Adobe Dreamweaver，Adobe GoLive 和 Microsoft FrontPage 等网页制作软件实现很好的交互。

7.1.1 HTML 语言简介

HTML 的英文全称是 Hyper Text Markup Language，中文通常称作超文本标记语言，它由 W3C 组织商讨制定，是 Internet 上用于编写网页的纯文本类型的标记语言。HTML 与操作系统平台的选择无关，只要有 Web 浏览器就可以运行 HTML 文件，显示网页内容。

用户可以用任何文本编辑器，例如 Windows 的"记事本"程序打开 HTML 文件，查看其中的 HTML 源代码，也可在用浏览器打开网页时，通过相应的【查看源文件】命令查看网页中的 HTML 代码。

同其他语言（例如 C++）编译产生执行文件的机制不同，利用 HTML 编写的网页是解释型的，也就是说，网页的效果是在用浏览器打开网页时动态生成的，而不是事先存储于网页中的。当用浏览器打开网页时，浏览器读取网页中的 HTML 代码，分析其语法结构，然后根据解释的结果显示网页内容。正是因为如此，网页显示的速度同网页代码的质量有很大的关系，保持精简和高效的 HTML 源代码是非常重要的。

7.1.2 URL 简介

URL（Uniform Resource Locator）即统一资源定位符，它是一种通用的地址格式，指出了文件在 Internet 中的位置。当用户查询信息资源时，只要给出 URL 地址，服务器便可以根据它找到网络资源的位置，并将其传送给浏览器。

一个完整的 URL 地址由协议名、Web 服务器地址、文件在服务器中的路径和文件名四部分组成。例如：http://www.macromedia.com/exchange/update/index.htm。其中，http:// 是协议名（HTTP 协议），www.macromedia.com 是 Web 服务器的地址，/exchange/update/ 是文件在服务器中的路径，index.htm 是文件名。URL 中的路径一定是绝对路径。

根据协议的不同，URL 分为多种形式，最常用的是以 HTTP 开头的网络地址形式和以 FILE 开头的文件地址形式。

采用 HTTP 开头的 URL 通常指向 WWW 服务器，主要用于进行网页浏览，这种 URL 通常称作网址，它是 Internet 上应用最广泛的 URL 方式。如 http://www.microsoft.com。

如果基于 HTTP 的 URL 末端没有文档的文件名称，则使用浏览器浏览该地址网页时会打开默认的网页（通常称作主页），其文件名多为 index.htm、index.html、index.jsp 或 index.asp 等。

如果希望指向一个 FTP 站点或本地计算机上的文件，则通常可以用 FILE 作为 URL

的前缀，FTP（File Transfer Protocol—文件传输协议）主要用于文件传递。包括文件的上载（从本地计算机发送到 Internet 上的服务器）和下载（从 Internet 上的服务器接收到本地的计算机）。目前 Internet 上很多软件下载站点都采用这种 FTP 的方式；在很多提供主页免费存放空间的网站上，都要求用户通过 FTP 程序将他们自己编写的网页上传到服务器上。

📖7.1.3　HTML 基本语法

HTML 的语法非常简单，它采用简捷明白的语法命令，通过各种标记、元素、属性、对象等关键字建立与图形、声音、视频等多媒体信息以及其他超文本的链接。

HTML 语言通过各种标记（Tag）来确定网页的结构与内容。通常标记由"<"、">"符号以及其中所包括的标记元素组成。在用浏览器显示时，标记不会被显示，浏览器在文档中发现了成对标记，就将其中包容的内容以指定的形式显示。

用户可以用任何文本编辑器编写 HTML 文件，只要最后将文件的扩展名定义为.htm或.html 就可以了。下面是一个典型的 HTML 文件：

```
<HTML>
  <HEAD>
    <Title>最简单的HTML文件</ Title>
  </HEAD>
  <BODY>
    这里是文件内容
  </BODY>
</HTML>
```

这个文件中包含了 HTML 文件最基本的文件结构，如下所示：

◆　HTML 标记：<HTML>标记放在文件的开头，告诉浏览器这是一个 HTML 文件。</HTML>放在文件的最后，是文件结束标记。

◆　头文件标记<HEAD>和</HEAD>：头文件标记一般放在<HTML>标记的后面，用来表明文件的题目或定义部分。

◆　文件标题标记<Title>和</ Title>：文件标题标记用来设定文件的标题，一般用来注释这个文件的内容，浏览器将文件标题显示在浏览器窗口标题栏的左上角。

◆　文件体标记<BODY>和</BODY>：用来指定 HTML 文档的内容，例如文字、标题、段落和列表等，也可以用来定义主页背景颜色。

严格地说，标记和标记元素不同，标记元素是位于"<"和">"符号之间的内容，而标记则包括了标记元素和"<"和">"符号本身。但是通常将标记元素和标记当作一种东西，因为脱离了"<"和">"符号的标记元素毫无意义。在本书后面的章节里，不作特别说明，将标记和标记元素统一称作标记。 标记的书写是与大小写无关的。

了解了 HTML 文件的基本结构以后，下面介绍一下 HTML 语言的基本语法。一般来说，HTML 的语法有如下三种表达方式：

1．<标记>对象</标记>

该语法示例显示了使用封闭类型标记的形式。大多数标记是封闭类型的，也就是说，它们成对出现，在对象内容的前面是一个标记，而在对象内容的后面是另一个标记，第二个标记元素前带有反斜线，表明结束标记对对象的控制。

下面是一些示例，图 7-1 右图是其显示效果：

<h1>标题 1</h1>

<i> 斜体文字</i>

第一行表明浏览器以标题 1 格式显示标记间的其中文本；第二行表明浏览器以斜体格式显示标记间的文本。

如果一个应该封闭的标记没有被封闭，则会产生意料不到的错误，随浏览器不同，可能出错的结果也不同。例如，如果忘记以</h1>标记封闭对文字格式的设置，可能后面所有的文字都会以标题 1 的格式出现，如图 7-1 右图所示。

标题1

斜体文字　　　　　　# 标题1 *斜体文字*

图 7-1　显示效果

2．<标记 属性 1=参数 1 属性 2=参数 2>对象</标记>

该语法示例显示了使用封闭类型标记的扩展形式。利用属性可以进一步设置对象某方面的内容，而参数则是设置的结果。

例如，在如下的语句中，设置了标记<a>的 href 属性。

<a href="http://www.Adobe.com/">Adobe公司主页</a>

显示效果为：Adobe 公司主页

<a>和</a>是锚标记，用于在文档中创建超级链接，href 是该标记的属性之一，用于设置超级链接所指向的地址，在【=】后面的就是 href 属性的参数，在这里是 Adobe 公司的网址。【Adobe 公司主页】等文字是被<a>和</a>包容的对象。

一个标记的属性可能不止一个，可以在描述完一个属性后，输入一个空格，然后继续描述其他属性。例如：

<p align="center"><img src="file:///D|/ pet/026.gif"　width="100"　height="120"　/></p>

在浏览器中间显示本地指定路径上宽为 100 像素，高为 120 像素的图片。

3．<标记>

该语法示例显示了使用非封闭类型标记的形式。在 HTML 语言中，非封闭类型很少，但的确存在，最常用的是回行标记
。

例如，如果希望使一行文字换行，但是仍然同上面的文字属于一个段落，则可以在文字要换行的地方添加标记
，如下所示：

这是一段完整的段落
中间被回行处理

显示效果为：　　　　这是一段完整的段落
　　　　　　　　　　中间被回行处理

几乎所有的 HTML 代码都是上面三种形式的组合，标记之间还可以相互嵌套，形成更为复杂的语法。

例如，如果希望将一行文本同时设置粗体和斜体格式，则可以采用下面的语句：

<b><i>这是一段既是粗体又是斜体的文本</i></b>

显示效果为：**这是一段既是粗体又是斜体的文本**

在嵌套标记时需要注意标记的嵌套顺序，如果标记的嵌套顺序发生混乱，则可能会出现不可预料的结果。例如，对于上面的例子，也可以这样写：

<i><b>这是一段既是粗体又是斜体的文本</b></i>

但尽量不要写成如下的形式：

<b><i>这是一段既是粗体又是斜体的文本</b></i>

上面的语句中，标记嵌套发生了错误。很幸运，在这个例子里，大多数浏览器可以正确理解它，但是对于其他的一些标记，如果嵌套发生错误的话，就不一定有这么好的运气了。为了保证文档有更好的兼容性，尽量不要发生标记嵌套顺序的错误。

7.2 常用标记介绍

Fireworks 作为一个网页图形图像处理软件，导出图片时可以输出 HTML 代码。例如，在导出一个图片映射图时，用户可以获得一个图片和一小部分 HTML 代码，当导出切片时，用户就会得到整个图片和更多的代码。由 Fireworks 导出的 HTML 文件除包含构成 HTML 文档的几个基本标记外，通常还包括下面的这些标记：

◆ <META></META>

该标记用来存储该 HTML 文件的一些附加信息，诸如该 HTML 文件是由什么编辑器编写的、为方便搜索引擎搜索而设的关键词、文档的作者、描述等多种信息。在 HTML 的头部可以包括任意数量的<meta>标记。<meta>标记非成对使用的标记，它的参数介绍如下：

➢ name：用于定义一个元数据属性的名称。

➢ ontent：用于定义元数据的属性值。

➢ scheme：用于解释元数据属性值的机制。

➢ http-equiv：可以用于替代 name 属性，HTTP 服务器可以使用该属性来从 HTTP 响应头部收集信息。

➢ charset：用于定义文档的字符解码方式。

使用示例：

<meta name = "keywords"　content = "图片处理">

<meta name = "description" content = " comey 制作">

<meta http-equiv="Content-Type" content="text/html; charset=gb2312">

◆ <SCRIPT></SCRIPT>

脚本标记是用来标记用某种脚本语言（如 JavaScript）编写的脚本的开始和结束的。其中<SCRIPT>标记脚本的开始位置，</SCRIPT>标记脚本的结束位置。

使用示例：

<SCRIPT LANGUAGE="VBScript">

<!--

Function CanDeliver(Dt)

```
        CanDeliver = (CDate(Dt) - Now()) > 2
      End Function
-->
</SCRIPT>
```

◆ <IMG>

<img>标记用于在页面插入图像或电影剪辑，其主要参数介绍如下：

> src：用于指定要插入图像的地址。

> alt：用于设置当图像无法显示时的替换文本。

> align：用于设置图像和页面其他对象的对齐方式，取值可以是 top，middle
和 bottom。

> width：用于设置图像的宽度，以像素为单位。

> height：用于设置图像的高度，以像素为单位。

> border：用于设置图像的边框厚度，以像素为单位。

> vspace：用于设置图像的垂直边距，以像素为单位。

> hspace：用于设置图像的水平边距，以像素为单位。

使用示例：

<img src="ktmj.gif" width="100" height="120">

<img src="url.gif" dynsrc="url.avi">

第一示例表示在浏览器中显示名为 ktmj.gif 的图片；第二个示例表示用 url.avi 来播放
视频；用 url.gif 作为视频的封面，即：在浏览器尚未完全读入 AVI 文件时，先在 AVI 播
放区域显示该图像。

◆ <A></A>

<a>…</a>标记用于建立超级链接或标识一个目标。<a>标记有两个不能同时使用的参
数 href 和 name，此外还有参数 target 等，分别介绍如下：

> href：用于指定目标文件的 URL 地址或页内锚点，<a>标记使用此参数后，
在浏览器单击标记间的文本，页面将跳转到指定的页面或本页内指定的锚点
位置。

使用示例：

<a href="url">链接字符串</a>

显示效果：

<u>链接字符串</u>

> name：用于标识一个目标，该目标终点是一个文件中指明的特定的地方。
这种链接的终点就称为命名锚点。

使用示例：

<a name="name">text</a>

显示效果：

text

> target：用于设定打开新页面所在的目标窗口。

target 属性取值有：

第7章 滤镜和效果

◆ _self（将链接的文件载入一个未命名的新浏览器窗口中）；

◆ _parent（将链接的文件载入含有该链接的框架的父框架集或父窗口中）；

◆ _blank（将链接的文件载入该链接所在的同一框架或窗口中）；

◆ _top（在整个浏览器窗口中载入所链接的文件，因而会删除所有框架）；

若本页使用框架技术还可以把 target 设置为框架名。

例：<a herf="http://www.tom.com/abc/002.htm#abc" target=_blank>锚点链接</a>

表示当单击链接起点文字"锚点链接"时，将链接的终点页面在新开的窗口中打开。

要把一个图形作为一个链接，需要两个标记：

<A HREF="http://www.getfireworks.com"><IMG SRC="Explosion.jpg"> </A>

上述语句使网页上出现图片 Explosion.jpg 。如果单击该图片，就会连接到 www.getfireworks.com。注意，图形的链接地址是放在<A>和</A>之间的。

◆ <MAP></MAP>

这个标记指示热点的形状，并且包含热点的 URL 目标。

使用示例：

<img src="ktj068.gif" border="0" usemap="#Map" />

<map name="Map" id="Map"><area shape="rect" coords="-1,0,101,120" href="ktmj.doc" target="_blank" />

</map>

该示例表示，在图片 ktj068.gif 上添加矩形切片，在浏览器窗口中单击该图片时，在当前框架或窗口中载入链接文件 ktmj.doc。

7.3 复制 HTML 代码

Fireworks CS6 和 Dreamweaver CS6 这两个程序有着很好的互补特性。用户无需打开 Fireworks 就可以在 Dreamweaver 中毫无障碍地对导入的 Fireworks 图片进行优化。如果用户不是用 Dreamweaver 作为 HTML 编辑器，可能需要把 Fireworks 中的 HTML 代码复制粘贴到其他的 HTML 文件中。

Fireworks 可以按通用、Dreamweaver、FrontPage、Adobe GoLive 格式导出 HTML。通用 HTML 适用于大多数 HTML 编辑器，且代码中插入了必要的注释语句，使用户能正确地复制和粘贴要移动的代码。

在复制和粘贴从 Fireworks 中导出的 HTML 代码到其他的 HTML 文件时，一定要定好在目标文件中粘贴的位置，否则链接可能会断开。同时，复制过程中，没有必要复制 <HTML> 和<BODY>标记，只需要复制所需元素所在的部分。

7.4 本章小结

Fireworks 是一种综合性很强的 Web 图形处理工具，能与多款 Web 站点制作软件和图形处理软件整合并进行交互。本章主要介绍了 Fireworks 中 HTML 代码的使用，包括 HTML 语言的基础、Fireworks 中 HTML 代码的复制等。在 Fireworks 中适当地使用 HTML 代码

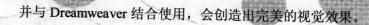

并与 Dreamweaver 结合使用，会创造出完美的视觉效果。

7.5　思考与练习

1. 什么是 Internet？起源于什么？
2. 万维网是起源于哪里？它采用的是什么协议？
3. HTML 语言是什么的缩写？代表什么意思？
4. 在 Fireworks CS5 中，如何将图片导出至 Dreamweaver？
5. 在 Dreamweaver 中，可以使用 Fireworks 来优化图像吗？如果可以，具体怎样实现？
6. 如何在 Dreamweaver 中使用 Fireworks 来对图像进行编辑？

第 7 章　滤镜和效果

第 8 章 动态效果设计

本章导读

　　作为网页的重要组成部分，GIF 动画、翻转按钮的运用越来越广泛，网络上几乎找不到没有动态效果的网页。作为专业的网络图像处理软件，Fireworks CS6 不仅可以优化图像，而且还能够制作 GIF 动画、翻转按钮，实施图像切片、图像映射等各种图像处理效果，为制作眩目的网页提供了灵活的方法。

　　本章将重点介绍如何使用 Fireworks CS6 制作 GIF 动画、动态按钮，对图像进行切片以及图像映射的操作。

- 动画元件
- 状态的操作
- 热点和切片
- 添加行为

Fireworks CS6中文版标准实例教程

8.1 动画元件

使用 Fireworks 不仅能制作精美的静态图像，还能方便地创作动画。使用动画，不仅能使网页生动活泼，还能添加许多特殊效果。

使用 Fireworks 创建动画十分简单。首先制作动画元件，然后随时间改变动画元件的属性。文档中创建及导入的对象都可作为动画元件。同一个动画可以使用一个或多个动画元件，动画元件之间相对独立，互不干扰。

制作好的动画元件可以导出为 GIF 文件或 SWF 文件，使用 Fireworks 的【优化】面板可以很方便地优化并导出动画。

8.1.1 创建/编辑动画元件

在 Fireworks 中，可以直接创建动画元件，也可将现有对象转换为动画元件。创建动画元件后可以随时对元件的动画效果进行设置。下面以一个简单例子演示动画元件的创建和编辑方法。具体步骤如下：

01 选择【编辑】/【插入】/【新建元件】，弹出【转换为元件】对话框。

02 在对话框的【名称】栏内输入动画元件的名称，在【类型】栏内选择【动画】。

03 单击【确定】按钮，在弹出的元件编辑窗口中导入一幅青蛙的图片作为动画元件，如图 8-1 所示。

04 编辑完动画元件的属性后单击【完成】关闭元件编辑窗口。此时在画布中会自动添加一个动画元件的实例。

05 执行【修改】/【动画】/【设置】命令，打开如图 8-2 所示的【动画】对话框对动画元件进行编辑。设置状态数为 6，并设置位移、方向和缩放。单击【确定】。此时单击编辑窗口下方的播放按钮可以看到动画效果。

图 8-1 导入的图像

图 8-2 【动画】对话框

06 选择【文件】/【导入】命令，导入一幅蝴蝶的图片，如图 8-3 所示。

07 选中蝴蝶，执行【修改】/【元件】/【转换为元件】命令，在弹出的对话框中键入元件的名称，并选择元件的类型为【动画】。

08 执行【修改】/【动画】/【设置】命令，打开【动画】对话框对动画元件进行编辑。设置状态数为 6，并设置缩放和不透明度，以及旋转角度和方向。单击【确定】。此时单击编辑窗口下方的播放按钮可以看到动画效果，如图 8-4 所示。

图 8-3　导入蝴蝶 　　　　　　　　　　　　　　　　　　图 8-4　图像效果

📖 8.1.2　编辑动画路径

使用 Fireworks 可以自动生成直线、旋转的动画效果。如果要制作一些更复杂的动画，就需要编辑动画路径了。下面以一个简单例子演示编辑动画路径的方法。具体步骤如下：

01 继续上例，选中动画元件后，元件上会显示元件边框、动画路径、动画路径点，如图 8-5 所示。

图 8-5　改变动画路径和动画路径点

元件上绿色的动画路径点表示运动起始点；红色的动画路径点表示运动结束点；中间蓝色的动画路径点均表示中间的位置。动画路径点与动画的状态数目相同，每个状态都会对应一个动画路径点。

02 设置动画路径点的位置，可以编辑动画路径。不同的动画路径点有不同的作用：

◆　拖动蓝色的动画路径点可以在保持结束点不变的前提下改变动画方向。

◆　拖动红色的动画路径点可以在保持起始点不变的前提下改变运动方向。

◆　拖动绿色的动画路径点可以移动动画路径，并保持方向不变。

在改变动画方向时，按住 Shift 键，可以以 45º 的改变量来改变动画方向。

📖 8.1.3　实例制作——礼花绽放

01 打开 Fireworks，新建一个白色画布。

02 选择【椭圆】工具，按住 Shift 键在画布上绘制一个圆形对象，无内部填充颜色；笔触颜色选择橙色，笔尖大小为 8；描边居中对齐，描边种类选择【随机】/【点】，边缘选择 60，效果如图 8-6 所示。

03 选中新建的圆形对象，选择【修改】/【元件】/【转化为元件】。保存类型选择【动画】类型。在【文档库】面板中拖动多个动画元件到文档工作区，此时画布上有多个实例对象，如图 8-7 所示。

04 更改对象的颜色。选中要修改颜色的对象，在【属性】面板中选择【滤镜】/【调整颜色】/【色相/饱和度】选项。

05 打开【色相和饱和度】对话框，调节颜色按钮，实现不同的颜色。根据需要分别选中各个实例，然后在属性面板中分别设置状态数和缩放比例及透明度。得到最后的效果，如图 8-8 所示。

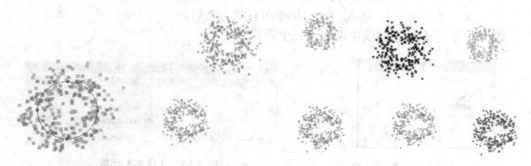

图 8-6　圆形对象的笔触效果　　　图 8-7　添加多个动画元件　　　图 8-8　最终的礼花效果

8.2　动画状态

动画元件的每一个动作都存放在"状态"（Fireworks CS5 之前的版本称之为"帧"）中，当按照一定顺序播放这些状态时，即能产生动画效果。Fireworks 中的状态就像电影胶片中的帧一样，在某一个时刻只能看到某一个帧。在每个状态的播放时间不变的前提下，增加一个状态，相当于增加了胶片的长度，也就是延长了动画的时间。也可以改变状态的顺序，这和电影胶片的剪辑也是不谋而合的。

8.2.1　添加与删除状态

一般开始创建动画的时候，文件中只有一个状态。而动画必须包含两个或两个以上的状态才能在图像中显示动态效果。所以，创建新的动画图像时，首要任务是在文档中添加状态。

根据不同需要，可以采用下面几种不同的方法在动画中添加状态：

◆ 如果要在动画最后追加一个状态，单击【状态】面板右下角的【新建/重制状态】按钮即可。追加的状态除画布颜色与第 1 个状态相同外，其余都是空白。

◆ 如果要在当前状态后面插入一个状态，可选中当前状态，选择菜单栏【编辑】/【插入】/【状态】命令。插入状态位于动画的当前状态之后，属性参数介于相邻两个状态之间。

◆ 按住 Alt 键，在【状态】面板的状态列表区域单击鼠标左键，可直接添加新的空白状态。

◆ 如果要在指定位置插入多个状态，可以单击【状态】面板右上角的面板菜单按钮，选择面板菜单的【添加状态】命令。此时会弹出【添加状态】对话框，如图 8-9 所示。在【数量】栏设定插入状态的数目，在【插入新状态】栏内设定插入位置。设置完毕，单击【确定】按钮，即可在指定位置插入多个状态。插入状态共有 4 种插入位置：

> 【在开始】：插入的状态位于所有状态之前。
> 【在当前状态之前】：插入的状态位于当前状态之前。
> 【在当前状态之后】：插入的状态位于当前状态之后。
> 【在结尾】：插入的状态位于所有状态之后。

图 8-10 表示在状态面板中添加了三个新状态。

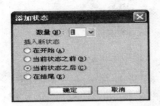

图 8-9　【添加状态】对话框　　　　　　　图 8-10　【状态】面板

对于不需要的状态，可以将其在文档中删除，删除状态有如下几种操作：

◆ 在【状态】面板中选中要删除的状态，打开【状态】面板菜单，选择【删除状态】命令。删除选中的状态。

◆ 在【状态】面板上选中要删除的状态，单击【状态】面板上的【删除状态】按钮，删除选中的状态。

◆ 在【状态】面板上选中要删除的状态，将该帧拖动到【状态】面板上的【删除状态】按钮上，即可删除状态。

8.2.2　重新排序状态

在新建状态和复制状态的操作中，总有一些状态没有调整到合适的位置；或者不小心误操作，弄错了状态的顺序，这时调整状态的顺序就显得很重要了。在 Fireworks 中调整状态顺序的操作很简单，在【状态】面板中，选中需要调整顺序的状态，直接用鼠标将它拖动到状态列表中合适的位置就行了。对状态重新排序后，Fireworks 自动对所有的状态重新排列，并且状态的名称也会根据新的顺序改变，如图 8-11 所示。

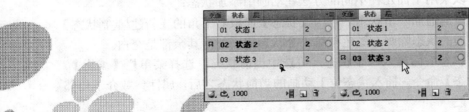

图 8-11　改变状态的顺序

8.2.3 编辑状态中的对象

动画中各状态之间是独立的关系，编辑某状态不会对其他状态产生影响。不过有些时候需要跨状态编辑对象，这就需要使用一些状态命令。

1. 在状态之间移动对象

下面以一个简单的例子演示在状态之间移动对象的具体操作：

（1）在【状态】面板上选中需要移出对象的状态 1，如图 8-12 所示，在文档编辑窗口选中需要移动的对象，如图 8-12 中的星形。

（2）拖动移出状态右侧的单选按钮即可将对象移动到其他状态中，如图 8-13 所示的状态 2。此时，状态 1 和状态 2 中的图像如图 8-14 和图 8-15 所示。

图 8-12　状态 1　　　图 8-13　状态 2　　　图 8-14　状态 1　　　图 8-15　状态 2

2. 在状态之间复制对象

用户可以使用下面任意一种方法在状态之间复制对象：

◆ 在状态之间移动对象时按住 Alt 键即可将对象复制到其他状态中。

◆ 选中需要复制的对象，单击【状态】面板左上角的【面板菜单】按钮，选择【面板】菜单的【复制到状态】命令，弹出【复制到状态】对话框，如图 8-16 所示。在对话框中选择目标状态位置。设置完毕，单击【确定】按钮即可将对象复制到指定状态中。复制状态的目标位置共有 4 种选择：

➢ 【所有状态】：将选中对象复制到所有状态中。

➢ 【上一个状态】：将选中对象复制到当前状态的前一状态。

➢ 【下一个状态】：将选中对象复制到当前状态的后一状态。

➢ 【范围】：将选中对象复制到指定范围的状态中。选择该项时需要在下面的 2 个文本框设置起始位置和结束位置，如图 8-17 所示。

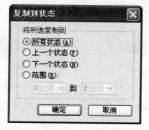 

图 8-16　【复制到状态】对话框　　　图 8-17　复制到指定范围的状态中

3. 将对象分发到状态

有时为了编辑方便，先在同一状态中绘制多个对象，再将这些对象分发到不同的状态中。下面以一个简单实例演示分发到状态的具体操作。

（1）新建一个文档，在画布中导入一张风景图片和三幅小鸟的图片，如图 8-18 所示。

（2）在层面板中选中风景图片所在的层，单击【图层】面板右上角的选项菜单按钮，在弹出的下拉菜单中选择【在状态之间共享层】命令。

（3）选中三只小鸟，单击【状态】面板右下角的分发到【状态】按钮 ➜日，Fireworks 会自动新建两个状态以接受分发的对象，即可将三只小鸟分发到三个状态中。

（4）单击编辑窗口下方的【播放】按钮，即可观看动画。各状态的图像如图 8-19~图 8-21 所示。

图 8-18　原始图像

图 8-19　状态 1

图 8-20　状态 2

图 8-21　状态 3

4．在状态之间共享层

在状态之间共享层可以方便地实现在多个图像状态中重复某些固定的内容，如背景等。若需要修改该对象，只需要在一个状态中对其进行修改，就可以反映到所有的状态中，从而减轻了工作量。

下面以一个简单实例演示在状态之间共享层的方法，具体操作如下：

（1）打开一幅背景图片，如图 8-22 所示。

（2）新建一个图层，导入一个动画文件，如图 8-23 所示。此时，单击编辑窗口下方的播放按钮会发现，除第一个状态外，其他各状态均没有背景，如图 8-24 所示。

（3）在【图层】面板中，右键单击背景层的名称，在弹出的上下文菜单中选中【在状态之间共享层】命令。此时，单击编辑窗口下方的播放按钮会发现，每一个状态中均有背景，如图 8-25 所示。

图 8-22　背景图片

图 8-23　导入动画文件

图 8-24　图像效果

图 8-25　图像效果

📖 8.2.4　洋葱皮技术

洋葱皮是动画制作术语，其原始含义是在半透明绘图纸上绘制动画帧，绘制完毕后将绘有图片的半透明纸重叠起来透光观看。这样，就可以看到多个动画图片内容，以便编者编辑和比较。

使用 Fireworks 可以模拟洋葱皮效果，将多个状态的图像在同一个编辑窗口中显示，如图 8-26 所示。

单击【状态】面板左下角的【洋葱皮效果】按钮可调出洋葱皮效果菜单，菜单包含以下命令：

- ◆ 【无洋葱皮】：不使用洋葱皮技术。
- ◆ 【显示下一个状态】：使用洋葱皮技术显示当前状态的后一状态。
- ◆ 【显示前后状态】：使用洋葱皮技术显示当前状态的前一状态和后一状态。
- ◆ 【显示所有状态】：使用洋葱皮技术显示动画的所有状态。
- ◆ 【自定义】：自定义洋葱皮效果，选择该项，会弹出【洋葱皮】对话框。在对话框中设置在当前状态之前和之后显示的状态数目以及显示时的透明度。
- ◆ 【多状态编辑】：可通过单击动画路径上的点选中不同状态中的对象并进行编辑。

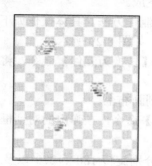

图 8-26　洋葱皮效果

8.2.5　设置状态延迟时间

状态延迟决定了一个状态显示的时间，在 Fireworks 中，一个状态显示的时间是以百分之一秒为单位的。控制动画中各状态的延迟时间可以改变动画的节奏。在 Fireworks 中，各状态的延迟时间可以不一样。在某个动画中，为了突出重点，通常可以将动画中某个主要内容的延迟时间设置得比较长。

选择【状态】面板菜单中的【属性】选项，将会弹出如图 8-27 所示的效果图，在【状态延时】数值框中输入该状态需要显示的时间。单击窗口外的区域完成设定。

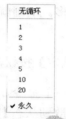

图 8-27　循环次数设定效果图　　　　　图 8-28　状态的延时设定

8.2.6 设置动画循环

在播放动画的时候，有时需要永久地播放动画，有时需要设置播放的次数，在 Fireworks 中，允许对动画的循环次数进行控制。若要设置循环次数，单击【状态】面板底部的 按钮打开如图 8-28 所示的循环设定菜单。选中需要的循环次数即可。

8.2.7 插帧动画

插帧也是动画制作术语，其原始含义是主设计师绘制出动画的关键状态，然后由助手绘制关键状态之间的其他状态图，最后形成连续的动画。Fireworks 的插帧动画功能也有同样的效果，用户只需设计出关键状态的图像，Fireworks 会自动生成关键状态之间的过渡状态，形成连贯统一的动画效果。使用插帧动画可以大大较少动画时间的工作量，只需编辑几个关键状态，其他状态图由 Fireworks 自动生成。

下面以一个简单实例制作演示插帧动画的制作方法。具体操作如下：

（1）新建一个文档，导入一幅心形图片，如图 8-29 所示。

（2）选中图片，选择【修改】/【元件】/【转换为元件】命令，将图片转换为图形元件。

（3）在【文档库】面板中拖动一个实例到画布上。

（4）选择【修改】/【变形】/【数值变形】命令，在弹出的对话框中设置变形类型为【旋转】，角度为 90。

（5）同理，添加 4 个实例，并将各实例分别旋转 180°、270°以及 360°。将实例移动到关键状态对应的位置，均匀地放在一条水平线上，此时的效果如图 8-30 所示。

图 8-29　图形元件

图 8-30　图形实例

（6）选中所有作为关键状态的实例。选择菜单【修改】/【元件】/【补间实例】命令，打开【补间实例】对话框。

（7）在【步骤】文本框中，输入在两个实例之间由 Fireworks 插入的状态的数目。插入的状态的数目越多，动画就越细腻，当然，图像也就越大。本例选择 4。选中【分散到状态】复选框。

（8）单击【确定】按钮，完成插帧动画。单击【状态】面板底部的洋葱皮按钮 ，选中【显示所有状态】命令，效果如图 8-31 所示。

若未选中【分散到状态】复选框，则 Fireworks 生成的中间过程都出现在同一个状态中，并且它们全部都以实例的形式存在，称作插帧实例。

每个插帧实例的位置和旋转角度都是由 Fireworks 根据两个关键状态实例之间的差别

自动计算的，如图 8-32 所示。可以看到，Fireworks 生成的插帧实例与自行指定的关键状态实例本质上相同。

图 8-31　插帧动画的效果

图 8-32　插帧实例的效果

图 8-32 所示的效果并不是动画，所有的实例都存在于一个状态中，因而形成了比较特异的动感效果，但并不能真正地动起来。

通过插帧不仅能制作诸如旋转或移动这样的动画，还可以制作许多的动画效果，例如，通过设置各个关键状态实例的不透明性，从而生成淡入淡出的动画效果，或是改变各个关键状态实例的活动特效，生成更为奇特的动画效果。

8.2.8　切片动画

若想在一幅很大的图像中设置较小的部分为动画效果，可以使用 Fireworks 中的切片技术。Fireworks 允许将图像的某个单独切片设置为动画效果。也就是为单独的某个切片添加多个状态图，而导出时，该切片四周的其他图像切片导出为普通的图像，而动画的切片区域导出为动画 GIF 图像。

如在图 8-33 的背景图中的左上方设置树叶飘落的动画。基本操作如下：

（1）打开一幅风景图片，在图像中绘制出需要制作成动画的切片对象。

（2）在文档中创建多个状态，如图 8-33 中第一幅图所示。

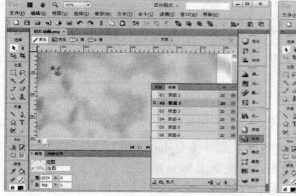

图 8-33　创建树叶飘落的动画

（3）在各个状态中切片对象所在的位置上，分别设置动画的各个状态内容，如图 8-33 中第 2 幅图所示。

（4）在文档中选中切片对象，并设置其优化选项。文件格式应设置为【动画 GIF 接近网页 128】。

（5）对图像中其他的区域进行常规优化。

（6）完成导出。

📖 8.2.9 优化动画

好的动画优化在保持动画质量基本不变情况下，大大降低文件的大小。而且，有时还能对动画做一些特别的设置，比如说，设置某种颜色为透明色。

1. 优化 GIF 动画

动画的优化设置是在【优化】面板中完成的，具体步骤如下：

（1）选择菜单栏【窗口】/【优化】命令，即可调出优化面板，如图 8-34 所示。

（2）选择 GIF 动画文件格式。

（3）选择【颜色】设置，选择显示的颜色种类越少，文件越小。

（4）设置压缩损失，值越大，文件越小。

（5）设置抖动值，此项设置对文件的大小没有影响。

制作动画时，很难做到动画和画布一样大小。输出动画到网页上时，画布的颜色和网页背景颜色将会不匹配，此时将画布的颜色设置为透明可以解决这个问题。使用设置透明色命令，可以将一种或多种颜色设置为透明，达到这种特殊的效果。

（6）在透明选项列表框中选择【索引色透明】，即可将画布的颜色设置为透明，效果如图 8-35 所示。

图 8-34　【优化】面板

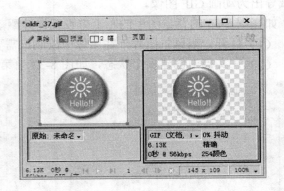

图 8-35　设置画布透明

（7）在透明选项列表框中选择【索引色透明】或者【Alpha 透明】。然后在"优化"面板中利用透明工具可以设置某种颜色为透明，效果如图 8-36 所示。

下面就各种预置输出方式作一下对比，看看对动画质量和文件大小的影响。在文件窗口打开【4 幅】选项卡，在各个窗口选择不同的输出方式，如图 8-37 所示。

如果对某一个设置比较满意，单击【优化】面板中的存储当前设置按钮，将设置保存起来以便以后导出时使用，这也是 Fireworks 个性化的一个功能。

2. 优化 GIF 动画图像

（1）在【状态】面板中，选中需要优化的状态。

（2）打开【状态】面板菜单，选择【属性】命令，打开如图 8-38 所示的【状态延时】对话框。

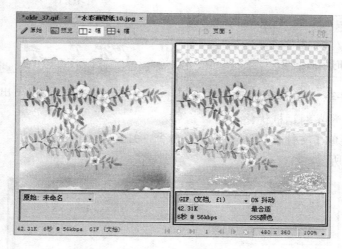

图 8-36　设置透明效果

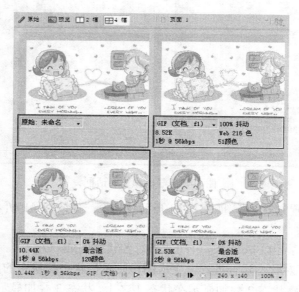

图 8-37　4 幅选项卡

（3）选中【导出时包括】复选框，则在导出图像时包括该状态；清除该复选框，则在导出图像时不将该状态导出。若某个状态不被导出，则在【状态】面板上，该状态右侧会出现一个红色的叉形符号，如图 8-39 所示。

（4）在【状态】面板中的面板菜单中选择【自动裁切】命令，Fireworks 对文档中各状态自动进行比较，裁切出所有状态中有变化的区域。利用这一操作可以只保存图像中改变过的内容，而不会将未改变的内容重复存储，从而可以缩小文件大小。

（5）在【状态】面板的【面板】菜单中选择【自动差异化】命令，激活 Fireworks 的自动差异化功能，可以将自动裁切区域中未改变的像素转换为透明像素，例如图像的背景等，进一步减小文件大小。

图 8-38　【状态延时】对话框

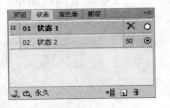

图 8-39　设置不导出的状态

3．使用导出预览对话框优化文档

（1）选择菜单【文件】/【图像预览】命令，打开导出预览对话框。选择【动画】选项卡，如图 8-40 所示。

图 8-40　导出预览对话框

（2）单击【处置方式】按钮 ，打开下拉列表，如图 8-41 所示。包含以下几个选项：

◆ 【未指定】：由 Fireworks 自动选择对各状态的处理方式。

◆ 【无】：不对状态进行处理，生成图像时采用状态与状态的简单叠加。即，显示完状态 1 后，状态 2 叠加显示在状态 1 之上，状态 3 叠加显示在前两个状态之上，依此类推。这种选项通常用于在一个较大的背景上叠加显示较小的对象，如果对象是重叠的，就可以获得诸如从小变大的效果。

◆ 【恢复到背景】：在生成的图像中，每个状态中的内容都显示在背景之上。该方式适合在一个透明的背景中移动对象。

◆ 【恢复为上一个】：在生成的图像中，当前状态的内容会显示在前一个状态之上。该方式适合在一个图片类型的背景上移动对象。选择了某种方式后，在【动画】选项卡状态列表项中部，会显示该方式的首字母缩写，如图 8-42 所示。

（3）单击状态列表中状态项左边的眼睛图标，可以控制状态的导出与否。出现眼睛图标表示该状态项会导出。再次单击眼睛图案。图标消失，表示不导出该状态。

（4）选中一个或多个状态，在状态延时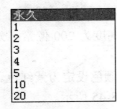文本框中输入需要的状态延迟时间，单位为 1/100s。在【动画】选项卡的状态列表的右下角位置，显示有动画总的延迟时间。

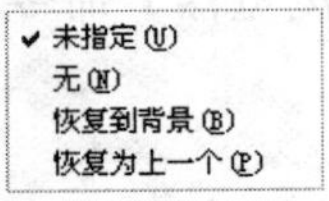

图 8-41　【处置方式】下拉列表 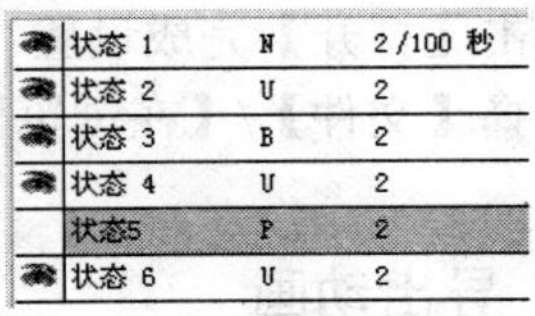　　　　　　图 8-42　不同的处置方式

（5）单击【循环播放】按钮，在下拉列表中选择循环播放次数，如图 8-43 所示。

（6）选中【自动裁切】和【自动差异化】复选框，可以激活 Fireworks 对应的特性。

（7）在导出预览对话框的右部还可以对动画进行剪切、预览动画等。

4．预览动画

可以在 Fireworks 的文档窗口中预览动画效果，也可以在浏览器中对动画进行预览。

单击 Fireworks 程序窗口状态行右方的【动画播放】按钮 ▷，可以在文档窗口中直接预览动画的播放效果，如图 8-44 所示。

图 8-43　循环播放下拉列表 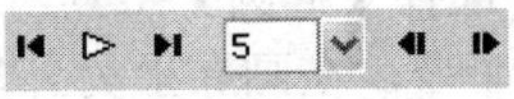　　　　　　　图 8-44　动画播放按纽

> **注意：**
> 　　　在文档窗口中播放动画时，不论循环次数设置为多少，动画都将一直循环播放下去，直到按下动画播放按钮中的停止按钮为止。此外，文档窗口中显示的内容同导出的 GIF 图像内容有一定的差别。因为文档窗口中可以显示全彩色图像，而导出的 GIF 图像最多只有 256 色。

选择菜单【文件】/【在浏览器中预览】/【在 Iexplore.exe 中预览】命令，可以直接在 IE 浏览器中预览。此时也可以直接按 F12 键打开 IE 浏览器。

> **注意：**
> 　　　在【优化】面板中必须选择【GIF 动画】作为导出文件格式，否则在浏览器中预览文档时将看不到动画。即使打算将动画以 SWF 文件或 Fireworks PNG 文件导入到 Flash 中，也必须这样做。

Fireworks 指定两个浏览器，主浏览器和次浏览器。指定主浏览器和次浏览器的具体操

作如下：

（1）选择菜单【文件】/【在浏览器中预览】/【设置主浏览器】命令，打开【定位浏览器】对话框。

（2）选择要设为主浏览器的执行程序。

（3）单击【打开】完成设置。

（4）选择【文件】/【在浏览器中预览】/【设置次浏览器】命令可以设置次浏览器。

8.2.10 导出动画

通常情况下，使用 Fireworks 编辑的动画都是以 GIF 格式导出的。

（1）在【优化】面板中将【导出文件格式】设置为【GIF 动画】。

（2）选择菜单栏【文件】/【导出】命令。

（3）在【导出】对话框中设定导出 GIF 文件的名称和存放路径，并将【保存类型】设置为【仅图像】。

（4）设置完毕，单击【保存】按钮，即可将动画以 GIF 格式导出。

8.2.11 实例制作——动态分割条

01 新建一个 Fireworks 文件。宽度为 800 像素、高度为 200 像素；分辨率为 96 像素/英寸；背景色设置为白色。

02 选择【椭圆】工具，在画布上绘制一个椭圆，颜色设定为紫红色。选择【编辑】/【克隆】命令，在画布上另外复制三个图形，效果如图 8-45 所示。

03 选择【椭圆】工具，在画布上按住 Shift 键绘制一个圆形，颜色设置为绿色。

04 选择其中的两个椭圆，将其旋转 90 度，然后将椭圆和圆拼凑在一起，效果如图 8-46 所示。

05 选择所有图形，选择【修改】/【组合】命令，将其分组。效果如图 8-47 所示。

图 8-45　复制图形效果图　　　　图 8-46　单一图形效果图　　　　图 8-47　组合效果图

06 选择【修改】/【元件】/【转换为元件】命令，在弹出的【转换为元件】对话框中设置名称为"flower"，类型为【图形】。

07 从【文档库】面板中拖到多个实例到画布。用选取工具选择其中的一个，然后选择缩放工具，将其缩小，重新排列到如图 8-48 所示的效果图。

08 选择两个图形，选择【修改】/【组合】命令将其分组。然后复制两个对象，作为动画效果的状态 1，效果图如图 8-49 所示。

09 选择【状态】面板右上角的选项菜单按钮，在弹出的菜单中选择【重制状态】选项，在弹出的【重制状态】对话框中输入需要添加的状态数，本例添加 5 个状态。

10 选择状态 2，按照如图 8-50 所示的效果对该状态的图像进行修改。

图 8-48　复制图像效果图

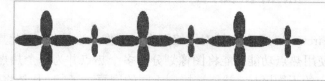

图 8-49　完成动画状态 1

图 8-50　状态 2 效果图

11 选择状态 3，按照如图 8-51 所示的效果对该状态进行修改。

图 8-51　状态 3 效果图

12 选择状态 4，按照如图 8-52 所示的效果对该状态进行修改。

图 8-52　状态 4 效果图

13 选择状态 5，按照如图 8-53 所示的效果对该状态进行修改。

图 8-53　状态 5 效果图

14 选择状态 6，按照如图 8-54 所示的效果对该状态进行修改。

图 8-54　状态 6 效果图

15 单击【预览】按钮 ，然后单击【播放】按钮 ▷ 观看动画的播放效果。

8.3 热点和切片

Fireworks 是专门针对网络开发的图像处理软件，因此具有很多基于网络图像的处理功能。使用热点功能，能将图像划分为多个热点并为每个热点分配不同的 URL。这样，单击图像上的不同区域，就能链接到不同的网页上了。切片是将较大的图像分割为多幅小图像，这在高级网页制作中常常使用到。切片可以有效解决图像下载缓慢的问题。

8.3.1 创建热点

（1）打开或创建需添加热点的 PNG 文档。

（2）单击工具箱中的【热点】工具按钮 ，选择合适的热点工具。Fireworks 提供了 3 种热点工具：【矩形热点】工具 、【圆形热点】工具 、【多边形热点】工具 ，分别用于创建矩形、圆形、多边形热点。热点工具的使用方法与位图选取工具的使用方法相同。

（3）在文档编辑窗口中拖动鼠标绘制热点。使用【热点】工具创建完成的热点如图 8-55 所示。图中绿色半透明区域即热点。

 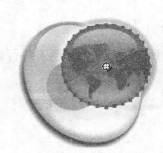 

矩形热点　　　　　　　　圆形热点　　　　　　　　　多边形热点

图 8-55　使用热点工具创建的热点

使用 Fireworks，用户不仅可以手动为对象添加热点，还可以根据选中对象的形状自动生成热点。步骤如下：

（1）选中作为热点的对象，可以是一个或多个。

（2）选择菜单栏【编辑】/【插入】/【热点】命令，即可生成选中对象形状的热点。

（3）如果选中单个对象，即会生成一个具有该对象形状的热点；如果选中多个对象，会弹出信息提示框，如图 8-56 所示。

图 8-56　信息提示框

信息提示框上有两个按钮：

◆ 【单一】：将多个对象的外切矩形设置为一个热点，如图 8-57 所示。

◆ 【多重】：分别为每个对象设置热点，如图 8-58 所示。

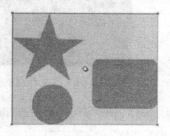

图 8-57　选择【单一】的效果　　　　图 8-58　选择【多重】的效果

这种方法可以用来创建形状比较复杂的热点。首先使用矢量工具绘制具有热点形状的对象，然后根据这些对象创建热点。创建完毕后删除原对象即可制作出形状复杂的热点。

📖 8.3.2　编辑热点

热点实际上 PNG 文档中一种特殊的对象，它们被保存在网页层中。用户可以根据需要编辑创建好的热点。

◆ 选中热点：使用选取工具或次选取工具单击热点，即可将其选中。按住 Shift 键可以选中多个热点。

◆ 移动热点：选中热点后，使用鼠标即可将其拖动到合适位置。

◆ 改变热点的形状和颜色：选中热点后，使用选取工具或次选取工具拖动热点边界上的控点，即可改变热点形状。对于矩形和圆形热点来说，拖动它们边框上的控点，只改变大小，不改变矩形和圆形的形状。若想自如地改变热点的形状，选中要进行形状变换的热点，在【属性】选项中的形状下拉菜单选择【多边形】选项。

如图 8-59 表示将矩形和圆形热点转变为多边形热点。图 8-60 表示任意变形后的图像。通过属性卡中的颜色编辑器可以方便地改变所选热点的颜色。默认状态下，热点覆盖在文档对象之上，呈蓝色，如图 8-61 所示，将三个不同热点对象分别设置为不同的颜色。

图 8-59　将矩形和圆形热点转变为多边形热点

◆ 显示/隐藏热点：选中要隐藏的对象，单击 Web 面板中的【隐藏切片和热点】按钮🔲，可以隐藏选中的热点。单击🔲可以显示隐藏的热点。

作为一种对象，热点还能被剪切、复制、克隆、备份、删除等，操作方法与普通对象的操作方法相同。通过属性栏可以改变热点的许多特性，如图 8-62 所示。

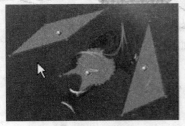

图 8-60　改变热点形状

图 8-61　改变热点的颜色

图 8-62　热点属性选项卡

【链接】：设置热区的链接地址。这样才能在 Web 页中实现单击链接的跳转操作。在属性卡中【链接】下拉列表中输入当前 URL，如果使用过 URL 库，则可以在下拉列表中进行选择。

◆ 【替代】：设置热区的替换文字。当浏览者将鼠标移到热区上时，会显示替换文字，如图 8-63 所示。

◆ 【目标】：设置打开链接的位置，共有 5 种选择：

➢ 【无】：不设置次参数，采用浏览器默认设置。

➢ 【_blank】：在新窗口中打开链接。

➢ 【_self】：在当前框架中打开链接。

➢ 【_parent】：在当前的父框架打开链接。

➢ 【_top】：在当前窗口中打开链接。

图 8-63　替换文字

8.3.3　URL 面板

当文档中含有多个 URL 地址时，可以通过【URL】面板来编辑和管理文档中的 URL地址。选择菜单栏【窗口】/【URL】命令，即可调出【URL】面板，如图 8-64 所示。

【URL】面板中的 URL 地址是保存在 URL 库中的。用户可以根据需要制作多个 URL 库，用于存放不同类型的 URL 地址。

单击【URL】面板右上角的面板菜单按钮可打开【URL】面板的面板菜单，如图 8-65 所示。

下面介绍面板菜单中各命令的功能和使用方法：

◆ 【将使用的 URL 添加到库】：将使用过的 URL 地址添加到 URL 库中。

图 8-64　URL 面板　　　　　　　　图 8-65　URL 面板的面板菜单

◆ 【清除未用的 URL】：清除未使用过的 URL 地址。

◆ 【添加 URL】：添加 URL 地址。选择此命令后，会弹出如图 8-66 所示的对话框，要求用户输入 URL 地址。该命令与面板菜单右下角的添加 URL 按钮 ⬜ 功能相同。

◆ 【编辑 URL】：编辑当前 URL 地址。选择此命令后，会弹出如图 8-67 所示的对话框，要求用户编辑当前的 URL 地址。对话框内有一个【改变文档中所有此类匹配项】选项，选中该项后，会自动更新文档中引用了该 URL 的所有链接。

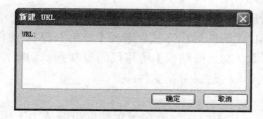

图 8-66　添加 URL 地址　　　　　　　　图 8-67　编辑当前 URL

◆ 【删除 URL】：删除当前的 URL 地址，该命令与面板菜单右下角的【删除 URL】 🗑 按钮功能相同。

◆ 【新建 URL 库】：添加 URL 库。选中该项后，会弹出如图 8-68 所示的对话框，要求用户输入 URL 库的名称。

◆ 【导入 URL】：从 HTML 文档中导入 URL 地址。可以选择任意 HTML 文档，Fireworks 会自动将文档中的 URL 地址导入进来。

◆ 【导出 URL】：导出当前 URL 库中所有的 URL 地址。导出的 URL 地址将会自动保存为 HTML 文件，以备编辑应用。导出的 HTML 文件标题栏显示为【Fireworks Bookmark File】，如图 8-69 所示。

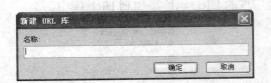

图 8-68　新建 URL 库　　　　　　　　　　　图 8-69　导出的 HTML 文件

📖 8.3.4　导出图像映射

在浏览网页时，经常会遇到这样的情况：单击一个图像的不同区域，可以跳转到不同的网页，这种方式是利用图像映射建立的超链接。图像映射实际上就是在一幅图像上创建多个链接区域，通过单击不同的区域，可以跳转至不同的链接目标。使用图像映射时，输出的是一个完整的图像文件。

编辑好图像映射后，还应将其导出，这样才能真正应用到网页里。Fireworks 可以导出图像文件以及与之相匹配的 HTML 代码，供网页编辑软件使用。具体操作如下：

（1）选择菜单栏【文件】/【导出】命令，弹出【导出】对话框。

（2）输入导出文件的名称，并选择存放路径。

（3）在【保存类型】下拉列表中选择【HTML 和图像】。

（4）在【HTML】下拉列表中选择 HTML 代码的导出方式，选择【导出 HTML 文件】可以将代码导出为独立的 HTML 文件；选择【复制到剪贴板】可将代码复制到剪切板，然后使用 Dreamweaver 或其他网页编辑工具将代码粘贴到网页文件中。

（5）在【切片】下拉列表中选择【无】。

（6）选中【将图像放入子文件夹】项，可将图像文件放在子文件夹中，单击下面的【浏览】按钮可以选择子文件夹。

（7）设置完毕，单击【保存】按钮，即可导出含有热点的图像文档。

除了可以导出之外，还可以将图像映射复制到剪贴板中，然后将其粘贴到 Dreamweaver 或其他 HTML 编辑器中。

📖 8.3.5　实例制作——建立图像映射

01 单击菜单栏中的【文件】/【打开】命令，打开一幅图像文件，如图 8-70 所示。

02 选择工具箱中的多边形热点工具，在图像窗口中需要制作热点的区域单击鼠标，绘制一个点，然后拖曳鼠标在该区域另一个地方绘制第二个点，以此类推，绘制一个多边形图像映射，如图 8-71 所示。

03 选中绘制的热点，单击菜单栏中的【窗口】/【URL】命令，打开【URL】面板，如图 8-72 所示。

04 在【URL】面板的【当前 URL】文本框中选择链接地址，或在【属性】面板的
【链接】选项中输入链接地址，在【目标】选项中选择【_self】，在【替换】选项中输入
"大九湖梅花鹿场"。此时按 F12 键预览，将鼠标移到切片上时，显示"大九湖梅花鹿场"
字样，如图 8-73 所示。

图 8-70　原始图像　　　　　　　　　图 8-71　添加多边形热点

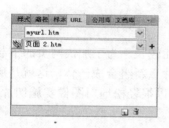

图 8-72　【URL】面板

图 8-73　预览图像

05 单击热点区域，则在当前窗口中显示链接目标，如图 8-74 所示。单击工具栏中
的【后退】按钮即可返回到映射图。

图 8-74　打开链接目标

06 选择工具箱中的【矩形热点】工具 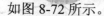，在图像窗口中需要制作热点的区域拖曳
鼠标，绘制一个矩形热点。按照同样的方法，在其他需要映射的区域绘制圆形热点，效果
如图 8-75 所示。

07 按照第 **03** 、 **04** 步的方法，为矩形热点和圆形热点添加链接地址和替代文字，以及目标打开方式。

08 按下 F12 键在浏览器中预览映射效果。

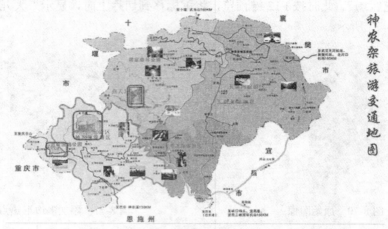

图 8-75　建立图像映射

8.3.6　创建切片

当网页中放置了一幅较大的图片时，网页的下载时间就比较长。为了加快网页的下载速度，可以把大图片分成若干个小图片，然后再将这些小图片重新组合成一体，这就是所谓的切片技术，利用 Fireworks CS6 提供的切片工具，我们可以很轻松地对图像实施切片。当建立了图像切片以后，还可以为不同的切片建立超链接。

（1）打开或创建需添加热区的图像文件。

（2）单击工具箱中的【切片】工具按钮，选择合适的切片工具。Fireworks 提供了【矩形切片】工具和【多边形热区】工具，分别用于创建矩形和多边形切片。

（3）在文档编辑窗口中拖动鼠标绘制切片。

（4）使用【切片】工具创建完成的切片如图 8-76 所示。图中绿色半透明区域即切片，切片的水平、竖直方向上有红色分割线，称为切片引导线。图片就是按切片引导线进行分割的。

矩形切片

多边形切片

图 8-76　使用切片工具创建的切片

使用 Fireworks，用户不仅可以手动为对象添加切片，还可以根据选中对象的形状生成切片。具体操作如下：

（1）选中对象，可以是一个或多个，如图 8-77 所示。

（2）选择菜单栏【编辑】/【插入】/【多边形切片】命令，即可生成选中对象形状的切片，如图 8-78 所示。

图 8-77　矢量路径

图 8-78　多边形切片

（3）如果选中单个对象，即会生成一个具有该对象形状的切片；如果选中多个对象，会弹出信息提示框。信息提示框上有两个按钮：

◆ 【单一】：将多个对象放置在一个切片中，如图 8-79 所示。

◆ 【多重】：将每个对象设置在不同的切片中，如图 8-80 所示。

图 8-79　将多个对象放置在一个切片中

图 8-80　将多个对象放置在不同切片中

📖 8.3.7　编辑切片

切片同热点一样是 PNG 文档中一种特殊的对象，它们被保存在网页层中。用户可以根据需要编辑创建好的切片。

◆ 选中切片：使用【选取】工具或【部分选取】工具单击切片，即可将其选中。按住 Shift 键可以选中多个切片。

◆ 移动切片：选中切片后，使用鼠标即可将其拖动到合适位置。

◆ 改变切片的形状和颜色：选中切片后，使用选取工具或次选取工具拖动切片边界上的控点，即可改变切片形状。对于矩形切片来说，拖动它们边框上的控点，只改变大小，不改变形状。

图 8-81 表示将矩形和多边形切片任意变形后的图像。通过属性卡中的颜色编辑器可以方便地改变所选热点的颜色。默认状态下，热点覆盖在文档对象之上，呈蓝色，如图 8-82 所示，将三个不同热点对象分别设置为不同的颜色。

◆ 显示/隐藏切片：选中要隐藏的对象，单击工具箱中的【隐藏切片】按钮，可以隐藏选中的切片。单击可以显示隐藏的切片。

◆ 修改切片属性：通过属性栏可以改变切片的许多特性，如图 8-83 所示。

◆ 【链接】：设置切片的链接地址。这样才能在 Web 页中实现单击链接的跳转操作。在属性卡中【链接】下拉列表中输入当前 URL，如果使用过 URL 库，则可以在下拉列表中进行选择。

图 8-81　改变切片形状

图 8-82　改变切片的颜色

![切片属性选项卡]

图 8-83　切片属性选项卡

◆　【替代】：设置切片的替换文字。当浏览者将鼠标移到切片上时，会显示替换文字。

◆　【目标】：设置打开链接的位置。相关内容请参见热点的有关介绍。

◆　控制切片对象的覆盖方式：Fireworks 允许对不同的切片分别进行优化。因此，当在文档中绘制了切片对象之后，选择【预览】选项卡进行预览。只有当前操作的切片区域被如实显示，而未被操作的切片区域仿佛被一层半透明的薄膜所遮挡，如图 8-84 所示。若单击切片之外的区域，则将被单击的切片对象区域如实显示，如图 8-85 所示。未被选中的部分则被一层半透明的薄膜所遮挡。通常，称这种现象为切片覆盖。这种切片覆盖的特性，有助于将精力集中于正在操作的部分。

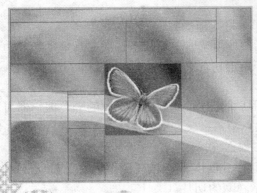 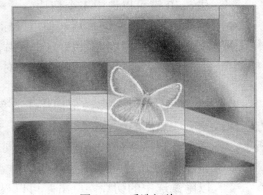

图 8-84　预览切片效果　　　　　　　　　图 8-85　反选切片

有时希望在整体上对操作对象进行预览，此时，切片覆盖的特性就会干扰人的视线。

Fireworks 允许关闭这种特性，使得在预览文档时不受当前切片设置的干扰。

关闭切片覆盖特性的具体操作如下：

（1）选择菜单命令【视图】/【切片层叠】选项，激活该特性。

（2）清除其选中状态即可关闭切片覆盖特性。

（3）选择该命令，使其被选中，又可以激活该特性。

在关闭切片覆盖特性后，在文档窗口中选中切片对象，在层面板中会将相应切片对象所在的层边框高亮显示。这仍然能够帮助了解切片的位置。

作为一种对象，切片还能被剪切、复制、克隆、缩放、变形、删除等，操作方法与普通对象的操作方法相同。

📖8.3.8 创建文本切片

Fireworks 中不仅图像可以制作切片，文本同样也可以制作切片。与图像切片不同的是，文本切片不导出图像，它导出的是出现在由切片定义的表格单元格中的 HTML 文本。

下面以一个简单实例制作演示创建文本切片的具体操作。具体步骤如下：

01 在文档中，绘制需要的切片对象。并选中该对象，如图 8-86 所示。

02 在【属性】面板中打开【类型】下拉列表，选择【HTML】选项。

03 单击【编辑】按钮，打开【HTML】编辑器。在编辑器中可以输入 HTML 代码，也可以输入纯文本或 JavaScript 代码使切片实现某些特性。本例输入"映日荷花别样红"。

04 单击【确定】按钮，完成文本切片的编辑。

05 此时文本切片部分的图像不能显示出来，如图 8-87 所示。

图 8-86 HTML 编辑器　　　　　　　　图 8-87 添加文本切片的效果

📖8.3.9 导出切片

一个图像加入切片后，实际上是被分成了多个部分。在网页中再通过表格引用这些切片。因此导出切片前应设置每部分的属性以及表格参数。在导出包含切片的文档时，有一些同常规的导出操作不一样的地方。具体说明如下：

1．命名切片

因为每个切片对象都对应于一个真正的图像文件，所以在文档中需要给切片对象命名。Fireworks 在导出时自动对每个切片文件进行命名，同时也允许用户手动为切片对象命名。

编辑自动命名的切片命名，具体操作如下：

（1）选中要命名的切片对象。

（2）改写【属性】面板中【编辑切片名】文本框中的切片名，如图 8-88 所示。输入切片名时不要为基本名称添加文件扩展名。Fireworks 会在导出时自动为切片文件添加文件扩展名。

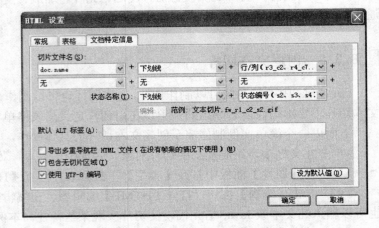

图 8-88 编辑切片名对话框　　　　　　图 8-89 【HTML 设置】对话框

若用户想按自己的习惯让系统为切片自动命名，具体操作如下：

（1）选择菜单栏【文件】/【HTML 设置】命令，弹出【HTML 设置】对话框。单击对话框顶部的【文档特定信息】选项卡，切换到【文档特定信息】选项卡，如图 8-89 所示。

（2）单击对话框中【文件名称】下拉列表，选择【切片】选项，然后在命名文本框中设置切片自动命名的参数。

Fireworks 允许用户用 6 个部分组合来命名切片。在每部分对应的下拉列表中可选择该部分使用的命名依据，共有 12 种选择：

◆ 无：表示命名组合中不含此部分。

◆ doc.name：使用原始文档的文件名。

◆ 切片：使用"切片"一词。

◆ 切片编号（1、2、3…）：使用切片的数字编号，数字为 1，2，3，…。

◆ 切片编号（01、02、03…）：使用切片的数字编号，数字为 01，02，03，…。

◆ 切片编号（A、B、C…）：使用切片的大写字母编号。

◆ 切片编号（a、b、c…）：使用切片的小写字母编号。

◆ 行|列（r3_c2,r4_c7…）：使用切片在表格中的坐标。

◆ 下划线：使用下划线分隔切片名称。

◆ 句号：使用句点分隔切片名称。

◆ 空格：使用空格分隔切片名称。

◆ 连字符：使用连接符分隔切片名称。

（3）因为切片在网页中通过表格实现引用，所以还应设置表格参数。单击对话框顶部的【表格】选项卡，切换到【表格】视图，如图 8-90 所示。

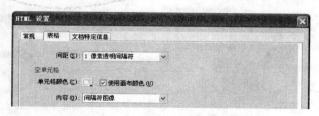

图 8-90　【HTML 设置】对话框

◆　间距：设置表格的占位符，共有 3 种选择，【1 像素透明间隔符】使用 1×1 像素大的透明 GIF 文件作为表格占位符；【嵌套表格-无间隔符】使用嵌套表格，不使用占位符；【单一表格-无间隔符】不使用嵌套表格和占位符。这样导出的表格在浏览器中显示差异较大，效果较差，一般不采用。

◆　单元格颜色：设置表格单元格的背景颜色。可以在颜色选择板中选择，如果选中【使用画布颜色】项，则采用画布颜色。

◆　内容：单元格填充内容，共有 3 种选择，【无】不填充表格单元格；【间隔符图像】使用占位图片填充，这是最常用的选项，效果最好；【不换行空格】使用连续的空格填充。

（4）设置完毕，单击【确定】按钮即可。

2．导出切片

默认情况下当导出包含切片的 Fireworks 文档时，将导出一个 HTML 文件及其相关图像。导出的 HTML 文件可以在 Web 浏览器中查看，或导入其他应用程序以供进一步编辑。

（1）选择菜单栏【文件】/【导出】命令，打开【导出】对话框。

（2）输入导出文件的名称，并选择存放路径。

（3）单击【保存类型】下拉列表，选择【HTML 和图像】。

（4）在【HTML】下拉列表中选择【HTML】代码的导出方式。

◆　选择【导出 HTML 文件】可以将代码导出为独立的 HTML 文件；

◆　选择【剪切板】可将代码复制到剪切板，然后使用 Dreamweaver 或其他网页编辑工具将代码粘贴到网页文件中。

（5）在【切片】下拉列表中选择【导出切片】。

（6）选中【仅已选切片】项，只导出选中的切片。

（7）选中【包括无切片区域】项，导出图像的其他区域。

（8）选中【将图像放入子文件夹】项，可将图像文件放在子文件夹中。单击下面的【浏览】按钮选择目标子文件夹。

（9）单击【保存】按钮，完成含有切片的图像的导出。

📖8.3.10　实例制作——对图像进行切片

01 单击菜单栏中的【文件】/【打开】命令，打开一幅图像文件，如图 8-91 所示。

02 选中【文本】工具，在【属性】面板中设置好字体、大小和颜色后，在图像上添加文字，效果如图 8-92 所示。

图 8-91　原始图像

图 8-92　添加文本

03 单击工具箱中【切片】工具 ，在图像窗口中需要切片的部分拖曳鼠标，即产生一个矩形切片，切片周围出现带有控制点的实线边框，如图 8-93 所示。

04 选中切片，单击菜单栏中的【窗口】/【URL】命令，打开【URL】面板，如图 8-94 所示。

图 8-93　添加切片

图 8-94　添加链接

05 在【URL】面板的【当前 URL】文本框中选择链接地址，或在【属性】面板的【链接】选项中输入链接地址，在【目标】选项中选择【_blank】，在【替换】选项中输入"单击可以欣赏美丽的湖景"。此时按 F12 键预览，将鼠标移到切片上时，显示"单击可以欣赏美丽的湖景"字样，如图 8-95 所示。

> 提示：读者也可以新建一个页面，在新页面中放入链接图片。然后在【目标】选项中选择链接图片所在的页面名称。

06 单击切片，则打开一个新的浏览窗口显示链接目标，如图 8-96 所示。

图 8-95　预览效果　　　　　　　　　　　　图 8-96　打开链接目标

07 为其他图像区域添加切片，并在【属性】面板中输入替代文字、选择链接地址和目标打开方式。

08 图像切片制作完毕。执行【文件】/【导出】命令，在弹出的对话框中设置导出类型为【HTML 和图像】，并导出所有切片和所有页面。单击导出的主页 HTML 文件，即可预览切片的交互效果。

8.4　行为

现在多数网页都使用了动态效果和人机交互特性。同 Dreamweaver 和 Flash 一样，Fireworks 中也能为对象添加行为。行为由触发事件和动作组成。添加了行为的对象能根据浏览者的动作采取一些反应措施，实现互动效果。Fireworks 中的行为与 Dreamweaver 中的行为是统一的。使用 Fireworks 编辑的行为在 Dreamweaver 的行为面板中仍能被编辑修改。

不是所有对象都能添加行为的，Fireworks 只允许为热点或切片添加行为。如果要为普通对象添加行为，会弹出信息提示窗口，提示用户先设置一个热点或切片。单击【热点】按钮即可在对象上绘制一个热点；单击【切片】按钮即可为对象创建一个切片，用户应根据实际需要进行选择。

如前面介绍的按钮和导航条就采用了动画效果。Fireworks 提供一种【行为】面板，可以方便的建立用户需要的行为，而不需要编辑 JavaScript 代码。

此外，行为可以看作 Fireworks 内置的 JavaScript 库，它可以帮助构建脚本，还可以对现有脚本进行自动的管理。Fireworks 将轮替按钮这种行为封装起来，所以用户感受不到。

Fireworks 的行为是通过【行为】面板添加和编辑的。选择菜单栏【窗口】/【行为】命令即可调出【行为】面板。

8.4.1　简单变换图像

简单变换图像可以用来创建简单翻转图，即当鼠标移过或单击某一幅图像（称为原始图像）时，显示位于该图下面的图像（称为翻转图像）。这也是最简单的翻转效果。简单翻转图包含 2 个状态，下面以一个简单实例制作演示简单变换图像的使用方法。具体步骤如下：

01 打开作为原始图像的图像文件。

02 选择菜单栏【编辑】/【插入】/【矩形切片】命令，在图像上添加切片，如图 8-97 所示。

03 选择菜单栏【窗口】/【状态】命令，调出【状态】面板。单击【状态】面板右下角的【新建/重制状态】按钮 ，创建一个新状态。

04 在【状态】面板上选中新建的状态，在切片所在位置创建或导入一个图像作为翻转图像，如图 8-98 所示。

图 8-97　状态 1 图像添加切片

图 8-98　状态 2 图像添加切片

05 选中切片，单击【行为】面板上的【添加行为】按钮 ，在下拉菜单中选择【简单变换图像】命令，即可制作一个简单翻转图。用户也可以将鼠标移到切片中央的瞄准器上，当鼠标指针变成手行时按住并拖动到切片的其他位置，释放鼠标。此时会弹出【交换图像】对话框，在下拉列表中选中【状态 2】即可完成翻转图，效果如图 8-99 所示。当鼠标移到图片上时，图片变换为右图。

图 8-99　图像效果

8.4.2　交换图像

交换图像行为可以将切片图像切换为后面帧或外部图像，简单变换图像实际就是目标为【状态 2】的交换图像行为。下面以一个简单实例制作演示交换图像行为的使用方法。具体步骤如下：

01 选中需要添加交换图像行为的切片，如图 8-100 所示。

02 单击【行为】面板上的【添加新行为】按钮 ，在下拉菜单中选择【添加交换图像行为】命令，此时会弹出【交换图像】对话框，如图 8-101 所示。

图 8-100　图像切片

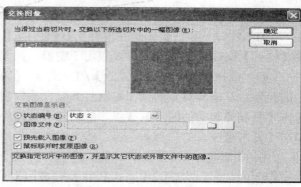

图 8-101　【交换图像】对话框

交换图像行为主要有下面的参数：

◆ 【交换图像显示自】：设定切换后的目标图像，有两种选择：

　　➤ 【状态编号】：切换到本图像的某一状态上，在后面的下拉菜单中选择【目标状态】。

　　➤ 【图像文件】：切换到另一副图像上，单击【后面文件夹】按钮 🗀，选择【目标文件】。

◆ 【预先载入图像】：选中该项后，下载原始图像时就将翻转图像同时下载。事件触发时能够立即切换，否则需要从服务器重新下载切换的目标图像。

◆ 【鼠标移开时复原图像】：鼠标移开后，显示原始图像。

03 在【交换图像】对话框中，选择一幅交换图像。

04 在"行为"面板为添加的行为指定触发事件。按 F12 键在浏览器中预览。当鼠标滑过图像时，图像会转换为另一幅图片，效果如图 8-102 所示。

图 8-102　添加行为

📖 8.4.3　设置导航栏图像

设置导航栏图像行为可以用于导航条的制作。导航条实际上是一组相关联的按钮。当某个按钮按下后，其他按钮就必须释放来。因此导航条按钮必须添加设置导航栏图像行为。如果制作的导航条不是出自同一个按钮元件，就必须手动为每个按钮添加设置导航栏图像行为。

下面以一个简单实例制作演示导航栏图像行为的使用方法。具体步骤如下：

01 打开一幅背景图片。选择工具箱中的【星形】工具 ☆ 在图像上绘制一个星形，在【样式】面板中选择一种样式应用于图形，如图 8-103 所示。

02 选择星形，执行【修改】/【元件】/【转换为元件】命令，将星形转换为按钮类型的元件。双击画布上的按钮实例打开元件编辑窗口。在属性面板上选择【滑过】状态，单击【复制弹起时的图形】按钮，然后修改按钮外观；在属性面板上选择【按下】状态，单击【复制滑过时的图形】按钮，然后修改按钮外观；单击元件编辑窗口左上角的【页面1】按钮返回画布。

03 选择【编辑】/【插入】/【新建按钮】菜单命令，打开按钮编辑器。

04 在【文档库】面板上，将新创建的星形按钮拖动到打开的按钮编辑器中。

05 在【图层】面板上新建一个图层，选择文本工具，在属性面板上设置字体、大小和颜色之后，在按钮编辑器中添加文本对象（用于设置按钮上的文字），如图 8-104 所示。

图 8-103　绘制图像　　　　　　　　　　图 8-104　编辑元件

06 在属性面板上选择【滑过】状态，单击【复制弹起时的图形】按钮，然后修改文本外观；在属性面板上选择【按下】状态，单击【复制滑过时的图形】按钮，然后修改文本外观；在【属性】面板上的【按下】、【按下时滑过】状态中选中【包括导航栏按下按钮】复选框和【包括导航栏按下并滑过按钮】复选框，表明在导航条按钮中包含了按下和按下时滑过两个状态。单击元件编辑窗口左上角的"页面1"按钮返回画布。

07 打开【行为】面板可看到 Fireworks 为按钮实例添加了"设置导航栏图像"行为。

如果要手动添加导航栏图像行为，选中按钮实例后单击【行为】面板上的【添加新行为】按钮，在下拉菜单中选择【设置导航栏图像】行为，弹出【设置导航栏图像】对话框，如图 8-105 所示。【滑过导航栏】、【按下导航栏】、【恢复导航栏】实际上是设置导航栏图像行为的 3 个子行为，分别用于将导航条释放、按下、恢复。

08 设置完各项参数后单击【确定】按钮，即可为导航条按钮添加设置导航栏图像行为。此时新创建的导航条会显示在文档工作区，如图 8-106 所示。

8.4.4　设置弹出菜单

设置弹出菜单行为用于制作弹出式菜单。弹出式菜单在网页中常常使用。当鼠标滑过或单击图像（称为父菜单）时，会有一个子菜单弹出。

图 8-105　【设置导航栏图像】对话框　　　　　　图 8-106　图像效果

Fireworks CS6 使用 CSS（层叠样式表）格式创建交互式的弹出菜单。这可以帮助用户轻松地自定义与使用 Dreamweaver 构建的网站进行完美集成的代码。

下面以一个简单实例制作演示设置弹出菜单行为的使用方法，具体步骤如下：

01 在工具箱中选择【箭头】工具，在画布上绘制一个箭头图形。选择【文本】工具，设置字体、颜色和大小后，输入"Menu"字样。

02 在工具箱中选择多边形切片工具 ，在对象上创建多边形切片，如图 8-107 所示。

03 选中切片，单击【行为】面板上的【添加行为】按钮，在下拉菜单中选择【设置弹出菜单】行为，或选择【修改】/【弹出菜单】/【添加弹出菜单】命令，或右击切片中间的行为手柄，然后选择【添加弹出菜单】，打开【弹出菜单编辑器】，如图 8-108 所示。

图 8-107　创建切片

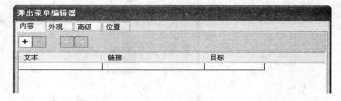

图 8-108　【弹出菜单编辑器】对话框

04 单击【内容】选项卡标签，在此编辑弹出式菜单的项目。单击【添加菜单】按钮 添加菜单项。在【文本】栏内输入菜单项名称，【链接】栏内输入链接目标，【目标】栏内选择打开链接的位置。可按 Tab 键从一个活动单元格定位到另一个单元格并继续输入信息。对于不需要的菜单项，可以选中后单击【删除】按钮 进行删除。若要将选中菜单项降级为子菜单项，可单击【缩进菜单】按钮 ；若要将选中的子菜单项升级为上一级菜单，可单击【父菜单】按钮 。

注意：
　　　　最后一级菜单不能再被降级；最高级菜单不能再被升级。

05 单击对话框的【外观】选项卡标签，设置子菜单样式，【外观】选项卡包含可确定每个菜单单元格的弹起状态和滑过状态的外观，以及菜单的垂直和水平方向的选项。具体设置如图 8-109 所示。

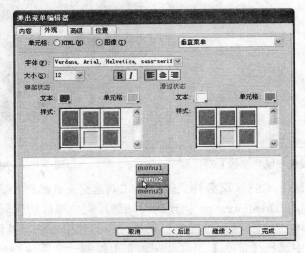

图 8-109　【外观】选项卡

06 单击对话框的【高级】选项卡标签，设置菜单单元格样式。【高级】选项卡内包含可确定单元格尺寸、边距、间距、单元格边框宽度和颜色、菜单延迟以及文字缩进的选项。具体设置如图 8-110 所示。

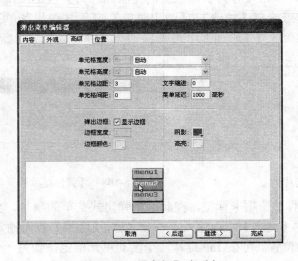

图 8-110　【高级】选项卡

07 单击对话框的【位置】选项卡标签，设置子菜单的弹出位置，【位置】选项卡内包含可确定菜单和子菜单位置的选项。具体设置如图 8-111 所示。

08 设置完毕，单击对话框右下角的【完成】按钮即可完成弹出式菜单的编辑。编辑好的弹出式菜单如图 8-112 所示，预览效果如图 8-113 所示。

09 导出弹出式菜单。选择菜单栏【文件】/【导出】命令即可导出弹出式菜单。导出后的菜单会自带一个 menu.js 文件；如果有子菜单，还会有一个 arrows.gif 文件。其中

menu.js 文件是弹出式菜单中使用的 CSS 或 JavaScript 脚本（具体取决于您选择哪个选项）；arrows.gif 文件是父菜单与子菜单间的连接箭头，它告诉用户存在一个子菜单。无论文档中包含多少个子菜单，Fireworks 总是使用同一个 arrows.gif 文件。

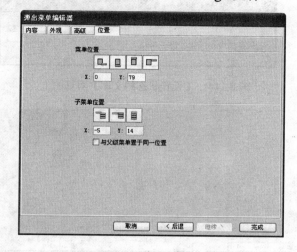

图 8-111 【位置】选项卡

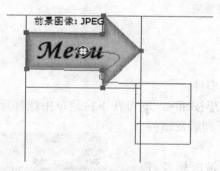

图 8-112 编辑好的弹出式菜单

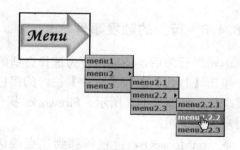

图 8-113 浏览器中的显示效果

> **注意：**
> 　　若要查看弹出菜单，则按 F12 键在浏览器中预览。Fireworks 工作区中的预览不会显示弹出菜单。

8.4.5 设置状态栏文本

使用设置状态栏文本行为可以改变浏览器状态栏的文本。

下面以一个简单实例制作演示设置状态栏文本行为的使用方法。具体步骤如下：

01 打开一幅图片，并为其添加切片。

02 选中切片，在【行为】面板中单击【添加行为】按钮，在弹出的子菜单中选择【设置状态栏文本】命令。弹出如图 8-114 所示的【设置状态栏文本】对话框。

03 在对话框的【消息】后的文本框输入需要的状态栏文本即可。本例输入"make

everyday count☺"。

04 按下 F12 键预览，效果如图 8-115 所示。

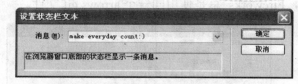

图 8-114　【设置状态栏文本】对话框

图 8-115　图像效果

8.4.6　行为的触发事件

编辑好行为后，还应为行为选择合适的触发事件。

单击【行为】面板【事件】栏内的黑色三角形按钮▼，即可在下拉菜单中选择行为的触发事件，如图 8-116 所示。Fireworks 提供了下列触发事件供用户选择使用：

◆　onMouseOver：鼠标移到热点或切片区域时触发行为。

◆　onMouseOut：鼠标移出热点或切片区域时触发行为。

◆　onClick：鼠标单击热点或切片区域时触发行为。

◆　onLoad：加载图像时触发行为。

图 8-116　行为触发菜单

8.4.7　实例制作——动态按钮

01 单击菜单栏中的【文件】/【新建】命令，建立一个新文件。

02 选择工具箱中的【矩形】工具，在【属性】面板中设置填充颜色和矩形圆角后，在图像中拖曳鼠标，画一个圆角矩形。

03 在【样式】面板中，选择一种样式应用于圆角矩形，图像效果如图 8-117 所示。

04 在【属性】面板的滤镜列表中修改该样式的效果参数。将所有内侧阴影的阴影颜色修改为白色，内侧光晕的发光颜色修改为浅灰色。

05 选中【圆角矩形】，在【属性】面板上选择【滤镜】/【阴影和光晕】/【投影】命令，在弹出的对话框中保留默认参数。此时的图像效果如图 8-118 所示。

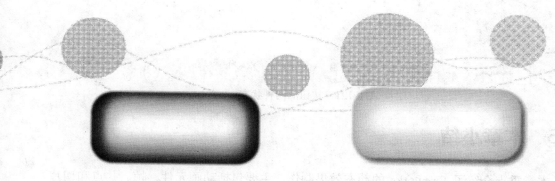

图 8-117　圆角矩形　　　　　　　　　　　　图 8-118　图像效果

06 选择工具箱中的【文本】工具，在【属性】面板中设置字体为隶书，颜色为橙色，大小为 28，在图像中单击鼠标，输入文字"网事悠悠"。

07 复制并粘贴选中的文本，在【属性】面板中将复制的文本颜色修改为黑色。

08 在【图层】面板中选中复制的文本层，将其拖曳至文本层之下，并分别向右、向下移动一像素。此时的图像效果如图 8-119 所示。

09 选中圆角矩形，执行【编辑】/【插入】/【多边形切片】命令，为矩形添加切片。

10 打开【状态】面板，按住 Alt 键的同时单击【状态 1】复制一个状态。

11 使新建的【状态 2】处于活动状态，在【图层】面板中选中圆角矩形，按 Delete 键清除。

12 选中工具箱中的【椭圆】工具，在原圆角矩形的位置绘制一个椭圆，大小和圆角矩形相当。

13 打开【样式】面板，选择一种样式应用于椭圆。

14 在【属性】面板的滤镜列表中修改该样式的效果参数。将所有内侧阴影的阴影颜色修改为白色，内侧光晕的发光颜色修改为浅灰色。

15 选中椭圆，在【属性】面板上选择【滤镜】/【阴影和光晕】/【投影】命令，在弹出的对话框中保留默认参数。此时的图像效果如图 8-120 所示。

图 8-119　文字效果　　　　　　　　　　　图 8-120　图像效果

16 选中橙色的文本，在【属性】面板中修改文本颜色。

17 在【图层】面板中选中所有图层，单击修改工具栏中的【分组】按钮进行组合。并拖曳至椭圆图层之上。

18 选中切片，单击右键，并从快捷菜单中选择【添加简单变换图像行为】命令。

19 在【属性】面板中设置链接和目标。

20 动态按钮制作完毕，按 F12 键即可进行预览。当鼠标移到按钮上时，按钮改变形状和颜色，文字也改变颜色。效果如图 8-121 所示。

图 8-121　按钮的两种状态

8.5　本章小结

　　本章重点介绍了 Fireworks 的动态效果制作，主要包括动画元件、帧、热点和切片，以及行为的使用。通过动画元件可以方便地在网页中创建动画。通过使用帧面板可以管理动画中各个对象之间的延迟，使用洋葱皮技术可以浏览整幅动画的概貌。另外，Fireworks 还允许对象实现许多行为，通过这些行为，可以制作出网页中图形对象动态的效果，还可以方便的实现下拉菜单的制作。

8.6　思考与练习

　　1．图像映射实际上就是在一幅图像上创建多个_____区域，通过单击不同的区域，可以跳转至不同的链接目标。

　　2．创建动画时，通过设置_____，可以指定播放动画时每一个状态的停留时间。

　　3．使用图像映射和切片创建链接的主要区别在于：使用图像映射时，输出的是一个完整的_____；而使用切片时，输出的是若干个_____。

　　4．怎样改变矩形热点和圆形热点的形状？

　　5．如何改变矩形切片的形状和颜色？

　　6．什么叫切片覆盖？

　　7．制作一组按钮，并利用【行为】面板添加交互动作。

　　8．设计并制作一幅主页图像，并进行切片练习。

　　9．什么叫插帧动画？什么叫插帧实例？两者有什么相同点和区别？

　　10．动手设计制作一个 GIF 动画。

第9章 优化与导出图像

本章导读

优化图像是指在保证图像品质满足需要的前提下，最大限度地压缩图像的体积。由于网络传输受带宽的影响，因此，用于网络上的图像必须经过优化处理，这不仅有利于提高网络数据的传输速度，而且从经济的角度讲，也是非常有意义的。

优化图像时，一般要考虑两个方面的因素，即图像的大小与显示质量。Fireworks CS6 能够让用户有效地控制图像的优化程度，合理地平衡图像的大小与显示质量之间的关系。

📖 图像格式

📖 优化图像

📖 导出图层和状态

9.1 基本的优化导出过程

Fireworks 在图像导出前先要对图像进行优化，下面简要介绍图像优化的基本过程。

（1）打开一幅需要优化的图像。

（2）单击菜单命令【窗口】/【优化】命令，打开【优化】面板。如图 9-1 所示。

图 9-1 "优化"面板

（3）在【优化】面板的【文件格式】下拉列表中选择需要的文件格式。不同的文件格式，在【优化】面板中对应的选项也不同。

（4）设置需要的优化选项。如【色版】、【颜色】、【抖动】、【透明度】等。

（5）单击【优化】面板右上角的三角形按钮，打开面板菜单，再设置一些额外的选项。其中，【优化到指定大小】命令可以指定输出文件的最大尺寸，其单位是 K。

（6）可以在【优化】面板中选择预设的优化方案，使用优化方案可以实现预期的优化效果。此外，Fireworks 具有保存优化方案的功能，利用该功能用户可以将自定义的优化方案保存起来，在组图中重复使用。单击【优化】面板右上角的面板选项按钮，在选项菜单中选择【保存设置】命令，并输入预设名称即可。

（7）利用预览窗口显示图像优化后的外观。Fireworks 对预设有实时性。当设置好预设时，可以马上预览到优化结果。单击文档窗口的【预览】选项卡，可以预览原始图像。Fireworks 还允许在多个预览窗口中比较不同优化设置下的图像大小、下载速度和外观，选择【4 幅】选项卡，将以四个窗格显示图像的预览外观。其中第一个窗格显示原始图像，其他三个窗格显示优化后的图像。

（8）设置完毕，选择【文件】/【导出】命令，或单击工具栏中的【导出】按钮，将文档以指定的文件格式导出。

（9）还可以在切片文档上应用相应的优化设置。如，将分割图像得到的某些切片以 JPEG 格式进行优化和导出，而另一些切片部分以 GIF 格式进行优化和导出。

9.2 选择图像格式

图像优化的第一步是根据图像特点及使用要求，选择一种合适的存储格式。只有选择了正确的文件格式，在最后导出时才可以起到事半功倍的效果。目前网络上常用的图像格式有 JPEG、GIF 和 PNG 三种。

◆ JPEG（Joint Photographic Exports Group）：目前 Web 上广泛使用的图像格式。通过减少像素点的方法对图像进行有损压缩，损失的像素主要集中在不易为人眼察觉的部分，因此人眼不容易分辨。JPEG 压缩的有损程度可以根据需要进行调整，对于细节要求较高的图像，采用损失较小的压缩；而对于细节要求不高的图像，可以采用损失较大的压缩。JPEG 格式支持 24 位真彩色，适合存储色彩丰富、颜色连续变化的图像，特别适合存储照片。

◆ GIF（Graphics Interchange Format）：目前 Web 中最常使用的图像格式。使用 LZW 无损压缩，保持原始图像的所有信息。支持动画格式和透明背景，可以在一个图像文件中包含多帧图像页，实现动感的图像效果；或制作看上去形状不规则的图像，获得别致的艺术效果，使页面变得很生动。GIF 格式仅支持 256 色，不易存储颜色丰富或有连续色彩变化的图像，比较适合存储那些包含大面积单色区域的图像，或是包含颜色数目较少的图像，例如卡通、徽标、256 色图像等对颜色要求较低或有动画效果、透明背景的图片。

◆ PNG（Portable Network Graphic）：新兴的图像格式，在网络上的使用也越来越多，同时也是 Fireworks 的默认存储格式。采用无损压缩，同时支持真彩色、动画效果和透明背景，而且图像文件的大小同 JPEG 差别不大，兼备了 JPEG 和 GIF 的绝大多数优点。同时，PNG 的压缩算法避开了版权争议的问题，是一种能够"安全"使用的图像。PNG 图像的格式非常灵活。可以支持多种颜色数目，例如 8 位色（256 色）、16 位色（65536 色）或 24 位色（16777216 色）等，甚至还支持 32 位更高质量的颜色。PNG 还有一个更重要的特性，就是在不同的计算机平台上 PNG 文件可以显示得完全一致。目前只有较高版本的浏览器，如 Internet Explorer 4.0、Netscape Navigator 4.0 及它们的更高版本浏览器，才支持 PNG 格式的图像，但也不能支持所有的 PNG 特性。例如，PNG 中的 a 通道，目前尚无浏览器支持，但相信随着计算机硬件水平的提高，PNG 格式的图像将来会变为网络图像的标准，得到更广泛的使用。

除了上面 3 种常用的图像格式外，Fireworks 还可将图像导出为 WBMP、TIFF、BMP 格式，用户可以根据需要自行选择。

9.2.1 优化 JPEG 图像

在优化面板的格式栏选择【JPEG】，即可设置【JPEG】格式的压缩参数。

◆ 【色版】：设置图像的边缘颜色，应用在导出图片的边缘上。通过设置该颜色，可使图像与网页完全融合。

◆ 【品质】：设置图片的压缩程度，单位是%，范围是 0～100。用户应根据实际需要选择。数值为 0 时，JPEG 图片质量最低，但文件最小；数值为 100 时，JPEG 图片质量最高，但文件最大。

◆ 【选择性品质】：设置局部图像的压缩程度。使用方法如下：

（1）使用位图选取工具在图像上选取需要特殊处理的区域，如图 9-2 所示。

（2）选择菜单栏【修改】/【选择性 JPEG】/【将所选保存为 JPEG 蒙版】命令将该

区域保存为 JPEG 蒙版，如图 9-3 所示。

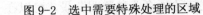

图 9-2 选中需要特殊处理的区域　　　　　　　　　　图 9-3 JPEG 蒙版

（3）单击【优化】面板中的【编辑选择性品质选项】按钮，弹出【可选 JPEG 设置】对话框。

（4）选中对话框的【启动选择性品质】项，在文本框内输入局部图像的压缩参数。输入数值较小时，JPEG 蒙版区域的图像压缩率大于图像的其他区域，质量相对较低；输入数值较大时，JPEG 蒙版区域的图像压缩率小于图像的其他区域，质量相对较高。

（5）在对话框的【覆盖颜色】栏设置选择区域的覆盖颜色。该颜色只会显示在文档编辑窗口中，不影响输出效果。

（6）选中【保持文本品质】项可使图像中所有文本采用局部压缩参数进行压缩。使用此功能可以使图像上的文本以高质量压缩，避免显示模糊。

（7）选中【保持按钮品质】可使图像中所有按钮采用局部压缩参数进行压缩。

（8）单击【确定】按钮，即可对局部图像采用特殊的压缩设置。

（9）如果要取消局部图像的压缩设置，只需选中 JPEG 蒙版，选择菜单栏【修改】/【选择性 JPEG】/【删除 JPEG 蒙版】命令即可。

◆ 【平滑】：图像的平滑参数，对图像的细节进行模糊。其有效的范围是 0～8，数值越大，模糊的程度就越强，生成的图像文件就越小，但图像的失真程度也就越大。

单击【优化】面板右上角的【面板菜单】按钮，选择【面板菜单】的【锐化 JPEG 边缘】命令可锐化图像边缘；选择【面板】菜单【连续的 JPEG】命令可以为图像添加渐进下载效果。渐进下载时，浏览器先以低分辨率显示图像，下载完毕再以高分辨率显示。

9.2.2 优化 GIF 和 PNG-8 图像

GIF 格式的图形文件是目前 Web 中使用得最广泛的一种图形文件。用户经常需要将 Fireworks 中的 PNG 格式文件转换为 GIF 格式导出到 Web 中使用。在导出之前，用户可以使用【优化】面板对导出后的 GIF 图形进行优化设置。

下面以一个简单实例演示优化 GIF 图像的具体操作。具体步骤如下：

01 打开一个 Fireworks 文件。原文件效果如图 9-4 所示。

02 在【优化】面板的方案栏选择【GIF 接近网页 128 色】，格式栏选择【GIF】，即可设置 GIF 格式的压缩参数。

◆ 　最合适　　　：设置 GIF 图像所使用的调色板，共有 10 种选择：

➤ 【最合适】：使用自适应颜色。从图像中选取使用最多的 256 种颜色组成调色板，包括网络安全色和非网络安全。

➤ 【Web 最适色】：使用自适应网络安全色。首先从图像中选择 256 种网络安全色组成调色板。如果网络安全色不满 256 种，则使用与之最接近网络安全色代替。

➤ 【Web 216 色】：使用 216 网络安全色，适用于 Windows 和 Macintosh 系统。

➤ 【精确】：使用图像中所有的颜色。

➤ 【Macintosh】：使用 Macintosh 系统的 256 标准色。

➤ 【Windows】：使用 Windows 系统的 256 标准色。

➤ 【灰度等级】：使用 256 色灰度，导出黑白图像。

➤ 【黑白】：仅使用黑色和白色。

➤ 【一致】：根据图像的 RGB 颜色色阶生成调色板。

➤ 【自定义】：自定义调色板。

`03` 本例选择【灰度等级】，设定失真数值为 30。

◆ 【抖动】：设置抖动率。颜色抖动是将调色板颜色混合起来组成图像的其他颜色。抖动率越大，导出图像的失真度越小，但是图像越大；抖动率越小，导出图像的失真度越大，但是图像越小。

◆ [不透明 ▾]：设置透明背景色。制作图像时，很难做到图像和画布一样大小。输出动画到网页上时，画布的颜色和网页背景颜色将会不匹配，此时将画布的颜色设置为透明可以解决这个问题。使用设置透明色命令，可以将一种或多种颜色设置为透明，达到这种特殊的效果。

➤ 【不透明】：不使用透明背景色。

➤ 【索引色透明】：将图像中一种或多种颜色显示为透明色。

➤ 【Alpha 透明】：使用 Alpha 通道形成透明效果，用户可以使用【转化为 Alpha】滤镜创建 Alpha 通道。

`04` 设定颜色值为 32，设定抖动值为 50。

`05` 单击【优化】面板右上角的面板菜单按钮，选择面板菜单中的【交错】命令，可为图像添加交错下载效果。交错下载先显示低分辨率图像，下载完毕后再以高分辨率显示。

`06` 选择【文件】/【导出】命令，将文件导出。由于在导出的一开始就已经设定了 GIF 优化格式，所以文件的导出格式不能修改，只能作为 GIF 格式存储。

`07` 选择【文件】/【打开】命令，打开刚才输出的 GIF 文件，发现导出的效果如图 9-5 所示。

图 9-4　原始图像　　　　　　　　图 9-5　图像效果

PNG 格式分为 PNG8、PNG24、PNG32，分别表示 8 位、24 位、32 位真彩色。选择

第 9 章　优化与导出图像

PNG8 时需要设置压缩参数，设置方法与 GIF 格式的设置方法相同，在此不再介绍。

9.2.3　优化 PNG 图像

由于 PNG24 或 PNG32 包含了图像所有颜色，因此不需再进行压缩设置。对这两种 PNG 图像进行优化时，只需要设置图像的【色版】即可。

9.3　导出优化图像和动画

在 Fireworks 中，完成了对图像的绘制、编辑和应用效果之后，若要将图像应用于 Web 中，需要将文档导出为常见的 Web 图像格式，如 GIF 格式或 JPEG 格式。导出的文档也可以是 PNG 格式的图像，但其与 Fireworks 的 PNG 文档不同。它去除了一些 Fireworks 的固有信息，并进行了优化。

通常，导出操作紧跟在优化操作之后进行，对图像的优化仅仅体现在导出的结果上，并不影响原始的存储在 PNG 文档中的数据。因此，生成的 Web 图像都是在保存的原始 PNG 文档上进行修改。Fireworks 将原始文档保存为复本，所以可以导出多种格式的 Web 图像。

对于新用户，可以使用 Fireworks 的导出向导。导出向导可以为用户提供必要的建议，帮助完成导出操作。本章不作介绍。

9.3.1　导出预览

使用 Fireworks 的导出预览，不仅可以在导出的过程中进行优化设置，还可以完成其他的一些相关操作，如对导出图像进行裁切等。

下面以一个实例演示导出预览的一些基本操作，具体步骤如下：

01 打开一幅图片，对其进行优化设置。

02 选择菜单【文件】/【图像预览】命令，或按下 Ctrl + Shift +X 组合键，打开"图像预览"对话框，如图 9-6 所示。

图 9-6　【图像预览】对话框

03 【图像预览】对话框的右方是预览区域。该区域所显示的文档或图像与导出时的图像完全相同，该区域还估算当前导出设置下的文件大小和下载时间。还同时提供了许多控制选项。

◆ 【预览】复选框：选中该复选框，在对话框中可以看到文档的预览图像；清除该复选框，则显示文档本身。

◆ 【保存的设置】下拉列表：包含 Fireworks 中预设的优化方案，与【优化】面板的【优化设置】下拉列表内容和作用相同。

◆ 单击【指针】按钮，将鼠标指针设置为正常方式。这时允许用户在图像窗格上单击鼠标来选中窗格。

◆ 单击【放大/缩小】按钮，可对文档图像进行缩放显示。这时鼠标指针会变为放大镜的形状。单击图像，即可将之放大显示；按住 Alt 键再单击图像，可以将图像缩小显示。

也可以在缩放比率下拉列表中直接选择需要的缩放比率，如图 9-7 所示。

◆ 单击【1 个预览窗口】按钮、【2 个预览窗口】或【4 个预览窗口】，可以在对话框的预览区域中将图像分别以 1 个窗格、2 个窗格或 4 个窗格显示。这与文档窗口中的【预览】、【2 幅】、【4 幅】选项卡功能类似。选择多个显示窗口后，每个图像窗格附近都有自己的【保存设置】下拉列表、【保存】按钮和【预览】复选框，允许对不同的窗格定制不同的显示方式。

◆ 状态控制区域包含一系列按钮，用于预览包含多个状态的动画 GIF 图像，如图 9-8 所示。

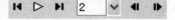

图 9-7　缩放图像效果　　　　　　　图 9-8　预览状态动画的按钮

04 单击【图像预览】的【文件】选项卡，在缩放区域进行相应设置，可以按照指定要求将图像缩放后导出。如图 9-9 所示。导出缩放是指将文档导出时进行缩放，该操作会导致导出后的图像大小发生变化，但不会影响原始的 PNG 文档大小。

05 在【图像预览】的【文件】选项卡的导出区域进行相应设置，可以按照指定要求将图像裁切后导出。此外还可以在图像预览区域直接进行导出裁切。单击"图像预览"对话框中右方预览区域的【裁切】按钮，用鼠标拖动窗格中图像周围出现控点，直接在图像上设置导出区域。同时，相应的裁切数值会显示在右方的导出区域中。导出裁切是指导出文档的部分区域而不将完整的文档导出。这样生成的图像只显示文档中的局部内容，如

图 9-10 所示。

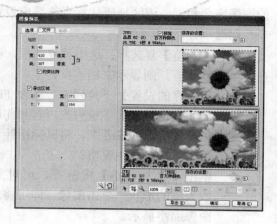

图 9-9　缩放区域参数设置　　　　　　　　　　　　　图 9-10　　裁切图像

> **注意:**
> 导出缩放操作与图像显示窗口中的显示缩放操作不同。导出缩放操作影响导出结果，而显示缩放只影响图像在预览窗格中的显示。

06 如果要导出的图像是 GIF 动画文件，单击【图像预览】对话框中的【动画】选项卡进行优化。

9.3.2　保存优化图像和动画

在【图像预览】对话框中对图像或动画完成优化及导出设置以后，需要将图像或动画保存起来。下面简要介绍导出图像和动画的操作方法。

1．导出优化图像

（1）单击【图像预览】对话框底部的 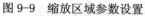 按钮。打开【导出】对话框。

（2）在【文件名】选项中输入保存文件的名称。

（3）在【导出】选项中选择要保存的文件类型，如【HTML 和图像】或【仅图像】等。

（4）如果图像中存在切片，则选择要保存的切片。选择【仅已选切片】选项，只保存所选的切片。

（5）单击【导出】按钮，即可保存优化图像。

2．导出动画为 GIF 文件

（1）在【优化】面板中将导出文件格式设置为【GIF 动画】。

（2）选择菜单栏【文件】/【导出】命令。

（3）在【导出】对话框中设定导出 GIF 文件的名称和存放路径，并将【保存类型】设置为【仅图像】。

（4）设置完毕，单击【保存】按钮，即可将动画以 GIF 格式导出。

9.3.3 导出图层或状态

在默认情况下，进行文档的导出操作时，会将所有可见的图层重叠起来，将重叠的结果导出为一幅图像，生成一个图像文件。在 Fireworks 中允许用户将文档中的多个图层分别导出为多个图像文件。

另外，要导出的文档中包含多个状态时，通常会将包含多个状态的文档导出为一个动画 GIF 图像文件。在 Fireworks 中也允许将文档中的多个图层分别导出为多个图像文件。

此时，在导出的多个图像文件中，每个图像均采用当前"优化"面板上相同的优化设置。

1．将图层导出为多个文件

下面以一个简单实例演示将图层导出为多个文件的具体操作。具体步骤如下：

01 创建或打开包含多个图层的文件。如图 9-11 所示。

02 选择菜单【文件】/【导出】选项。

03 在【导出】下拉列表中选择【层到文件】选项。该选项将导出当前文件的所有层。

04 若想在导出的图像中自动裁剪，选中【裁切图像】复选框。

05 选择要保存的文件路径和文件夹。

06 单击【保存】按钮，将图层导出为多个图像文件，如图 9-12 所示。

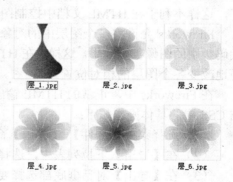

图 9-11　多个图层的文件　　　　图 9-12　将图层保存为多个文件

2．将状态导出为多个文件

下面以一个简单实例演示将状态导出为多个文件的具体操作。具体步骤如下：

01 创建或打开一个包含多状态的文件，如图 9-13 所示。

02 选择菜单【文件】/【导出】选项。

03 在【导出】下拉列表中选择【状态到文件】选项。

04 若想在导出的图像中自动裁剪，选中【裁切图像】复选框。

05 选择要保存的文件路径和文件夹。

06 单击【保存】按钮，将图层导出为多个图像文件，如图 9-14 所示。

第 9 章　优化与导出图像

s01.gif　　　　　　　s02.gif

s03.gif　　　　　　　s04.gif

图 9-13　多个状态的文件　　　　　图 9-14　将状态导出为多个图像文件

9.3.4　导出 CSS 层

在 PNG 文档中多个对象分别位于不同的层，使用【图层】面板可以方便地管理各个对象的相对位置。当将图像导出为一幅图片时，所有图层中各对象的相对位置就相对固定了，这样不利于在 HTML 文档中控制图片的叠放顺序。

Fireworks 允许将多个图层中的对象分别导出到 HTML 文档中相应的分层中，实现纯代码级别的图像重叠效果。这样，在 HTML 编辑器中，通过拖动和改变各个分层，可以方便地改变各个图层的相对位置。

在 Fireworks 中，正常的 HTML 输出不重叠；CSS 层可以重叠，彼此堆叠在一起。导出 CSS 层的具体操作如下：

（1）选择菜单【文件】/【导出】命令，打开【导出】对话框。

（2）在【导出】下拉列表中，选择【CSS 和图像】。

（3）在【导出】对话框底部选择要导出的范围。

◆　若要仅导出当前状态，选择【仅当前状态】。

◆　若要仅导出当前页面，选择【当前页面】。

◆　若要为图像选择文件夹，则选择【将图像放入子文件夹】，并单击【浏览】按钮，定位到相应的文件夹。

（4）单击【选项】按钮设置【HTML】页面属性。

（5）在【常规】选项卡的【文档属性】区域，单击【浏览】按钮指定背景图像并设置背景图像平铺。

◆　无重复：仅显示一次图像。

◆　重复：横向和纵向重复或平铺图像。

◆　横向重复：横向平铺图像。

◆　纵向重复：纵向平铺图像。

（6）在页面下拉列表中选择页面在浏览器中的对齐方式。

（7）单击【确定】按钮关闭【HTML 设置】对话框，然后单击【保存】按钮。

Fireworks CS6 改进了对 CSS 的支持。利用属性面板即可提取 CSS 代码并从设计组件中创建 CSS Sprite 图像。只需一步，即可模拟完整的网页并将版面与外部样式表一起导出。在【导出】对话框中的【导出】下拉列表中选择【CSS Sprite】，即可设置 CSS Sprite 导出选项。

📖9.3.5 导出 Adobe PDF

在 Fireworks CS6 中，用户可以将 Fireworks 设计导出为高精度、交互式且安全的 PDF 文档，或将其分发以进行审阅，审阅者可以在 Adobe Reader® 或 Acrobat® 中添加注释或回复其他人的注释，以增强沟通。

导出的 PDF 文件将保留所有页面和超文本链接，使审阅者像在 Web 上一样浏览 PDF。此外，Adobe PDF 提供可选密码保护的安全设置，可以为查看以及打印、复制和注释等其他任务单独创建密码，防止审阅者编辑或复制设计。

选择【文件】/【导出】命令，在【导出】下拉列表中选择【Adobe PDF】选项，选择要保存的文件路径后，在【页面】下拉列表中选择要导出的页面，并选中【在导出后查看 PDF】复选框，以便在 Adobe Reader 或 Acrobat 中自动打开 PDF。

若要自定义 PDF，则单击【选项】按钮，在弹出的【Adobe PDF 导出选项】对话框中设置 Adobe PDF 应用程序的兼容性、图像压缩的类型、图像品质、每个页面上包围图像的空白边框的像素宽度，以及打开、编辑文档的口令。

> **注意：**
> 在导出到 PDF 时，即使 Fireworks 文档中的页面具有透明画布，应用了透明特性的对象也会失去其透明特性。为避免出现这种情况，请在导出到 PDF 之前将画布设置为非透明背景。

📖9.3.6 导出矢量对象

Fireworks 不仅允许将图像导出为位图形式，还可以将文档中包含的矢量对象导出为其他矢量应用程序可操作的格式。但导出的 PNG 文件不一定完全包含 Fireworks 中矢量对象的所有特性。如将文档导出为 Freehand 或 Illustrator 所支持的图像时，以下特性不会包含在导出的图像中。

◆ 活动特效。

◆ 透明设置和混合模式。

◆ 纹理、图案、We b 抖动填充以及线性梯度填充（对 Freehand 无效）。

◆ 切片对象和热区对象。

◆ 文本格式选项。

◆ 标尺、网格和画布颜色。

◆ 位图图像（对 Freehand 无效）。

注意：
　　导出对象的边界设置为硬线，取消了原来的抗锯齿效果。垂直文本会变为水平文本，从右至左的文本会变为从左至右。实际上，该导出操作仅导出了路径本身。

将矢量对象导出为 FreeHand 和 Illustrator 支持的格式的具体操作如下：

（1）选择菜单【文件】/【另存为】命令，打开导出对话框。

（2）在【副本另存为】下拉列表中选择【Illustrator 8】选项。

（3）单击【选项】按钮，打开【导出选项】对话框，如图 9-15 所示。用户可根据需要设置相应的选项：

◆ 仅导出当前状态：仅将 PNG 文档中的当前状态导出。如果文档中包含图层，则保留图层的名称。

◆ 将状态转换为层：将 PNG 文档中的各个图帧分别转换为图层，保存在导出后的矢量图像中，如果原先的 PNG 文档中包含图层，则去除所有的图层。

（4）若选中【兼容 FreeHand】复选框，则导出的矢量图像同 FreeHand 的版本兼容。此时导出的结果会忽略掉位图图像，同时会将原先的梯度填充变为固态填充。

（5）完成设置，单击【确定】按钮，完成导出操作。默认生成的文件的扩展名为.ai。

将 Fireworks 的 PNG 文档中的矢量对象导出为 Flash 所支持的格式的具体操作如下：

（1）执行【文件】/【另存为】命令，打开导出对话框。

（2）在保存类型下拉列表中选择【Adobe Flash SWF】选项。

（3）单击【选项】按钮，打开【导出选项】对话框，如图 9-16 所示。

图 9-15 【导出选项】对话框

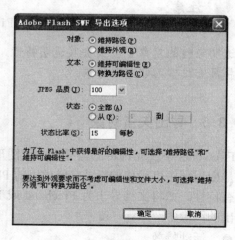

图 9-16　Flash SWF 导出选项

（4）【对象】区域可以设置对路径对象的转换选项。

◆ 维持路径：原先文档中的路径作为路径保存到导出后的文件中。

◆ 维持外观：导出的文件将最大程度上保持原先的图像外观。此时原文档中的笔画和填充等效果都被保留，但所有的矢量对象都会被转换为位图的形式。

（5）【文本】区域可以设置文档中文本对象的转换选项。

◆ 维持可编辑性：导出的文件中保持文本的可编辑性，可以在 Flash 中修改导出的文字内容。

◆ 转换为路径：导出的文件中将原先文档中的文本对象转换为路径对象。这样可以将原文档的外观很好地保持。如字体、字型、字号和字间距等，但是不能再编辑修改文字，因为导出的对象已经不是文字对象。

（6）【JPEG 品质】区域：设置导出的 JPEG 图像质量。

（7）【状态】区域：设置对文档中状态的导出方式。

◆ 全部：导出文档的全部状态。

◆ 从…到…：只导出指定范围的状态。

（8）【状态比率】文本框：设置状态播放的频率，单位是状态/秒。

（9）设置完毕，按下【确定】按钮，完成导出。

若在图 9-16 的【对象区域】选择【维持外观】，则原来的 PNG 文档中的一些特性会丢失，而笔画大小和笔画颜色会保留。丢失的特性包括：

◆ 活动特效。

◆ 透明和混合模式（包含透明的对象会变为带有 a 通道的符号）。

◆ 蒙版组。

◆ 切片对象、热区对象，以及行为（例如，轮替效果会丢失）某些文本格式选项（例如字间距和位图笔画等）。

◆ 羽化边界。

◆ 图层。

◆ 对象的抗锯齿效果（Flash 播放器在文档的级别提供抗锯齿效果。所以导出后的 Flash 文档中仍然可以保留抗锯齿特性）。

9.3.7 导出为 FXG 文件

Fireworks CS6 支持 Adobe Flash 应用程序工作流程，与 Flash Catalyst 整合并支持 FXG 2.0 格式。通过 FXG 将对象、页面或整个文档导出到 Adobe Flash 应用程序，进行交互性开发，同时保留用于动画交互开发的图层状态和符号。

FXG 是一种基于 MXML 子集的图形文件格式，MXML 是由 Flex 框架使用的基于 XML 的编程语言。此格式可帮助设计人员和开发人员更有效地进行协作。设计人员可以使用如 Fireworks CS6、Adobe Photoshop CS6 和 Adobe Illustrator CS6 等工具来创建图形，并将它们导出为 FXG 格式。然后，可以在如 Adobe Flex Builder 等工具中使用 FXG 文件来开发丰富的 Internet 应用程序和体验。这些 RIA 可以使用 Flash Player 在 Web 浏览器中运行，也可以在桌面上作为 Adobe AIR 应用程序运行。

（1）选择菜单栏【文件】/【导出】命令。

（2）在【导出】对话框中设定导出 FXG 文件的名称和存放路径，并将【保存类型】设置为【FXG 和图像】。

（3）在【页面】下拉列表中选择是将当前页面或当前页面中选定的对象导出为 FXG。

（4）设置完毕，单击【保存】按钮，即可将指定对象以 FXG 格式导出。

9.4　优化实例——图像清晰化

01 打开 Fireworks 编辑器，打开一个图像文件。原文件效果如图 9-17 所示。

02 选择【优化】对话框中的【JPEG-较高品质】选项，选择画布上的【4 幅】按钮，进入 4 个图像同时预览的效果。用户可以通过分别点击每一幅图像并对其进行品质调节操作。

03 选择【平滑】按钮，调整其中的【平滑】效果值。

04 尝试不同的效果，观察如图 9-18 所示的效果图。

05 在原始窗口中设定品质为 100，平滑选择最高值，选择【文件】/【导出】命令，导出该图形。

图 9-17　原始图像效果

由于一开始设定的优化效果为 JPEG 效果，所以在存储的过程当中不能修改存储的类型。但是由于是作为 JPEG 的高品质输出，所以导出文件比较大。这是因为高品质保存的效果。

06 重新打开导出的文件，观察新的图形文件，效果如图 9-19 所示。会发现重新设定的图形效果更加清晰平滑。

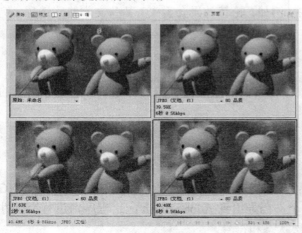

图 9-18　四窗格预览

图 9-19　最后图形效果

9.5　本章小结

用于网络中的图像必须经过优化处理，这是由网络的传输带宽决定的。优化是导出图像前的最后一步操作，为了在 Web 上输出最好的图像效果，学习本章的内容是很重要的。本章详细介绍了图像优化和导出的有关定义和内容。

图像优化是根据图像自身特点以及用途选择一种合适的存储格式，并进行存储设定。Fireworks 支持多种图像存储格式，用户既可以使用预置的导出设置，也可以根据需要自定义导出方式。

导出是图像编辑的最后一步，导出前应使用导出预览窗口对图像进行预览，并进行优化设置和导出设置。初级用户可使用 Fireworks 的导出向导，按照 Fireworks 推荐的存储格式导出图像文件。

9.6 思考与练习

1. 输出选项的设置包含 4 项内容，分别是_____、_____、_____和_____。通过对这 4 个选项的设置，可以确定输出文件的不同形式。

2. 在输出透明的 GIF 图像之前，原图像中必须存在_____。

3. 保存优化图像时，如果选择【HTML 和图像】该项，则同时生成一个_____文件和一个_____文件，两者是独立的文件。

4. 优化图像时，一般要考虑两个方面的因素，即图像的_____和_____。

5. 在 Fireworks CS6 中，可以优化网络上常用的三种主要图像格式，即_____格式、PNG-8 或 PNG-24 格式、_____ 格式。

6. 设计制作一个动画文件，分别导出为 GIF 文件和 SWF 文件。

7. 对一幅图像进行优化，比较不同输出格式的文件大小和图像质量。

8. 什么是自动裁切？什么是自动差异化？

第 10 章　综合实例制作

本章导读

　　本章主要介绍了使用 Fireworks 制作不同风格的主页，在设计主页时，要设计网页图标、按钮、导航栏和弹出菜单，所以本章是对前面实例的总结。

　📖 导航条制作

　📖 蒙版技术

　📖 交互行为

　📖 补间实例

　📖 动画制作

Fireworks CS6中文版标准实例教程

10.1 文字标志

01 新建一个文档，画布颜色为白色。

02 选择【文本】工具，在【属性】面板中设置字体为隶书，颜色为深蓝色，大小为 40，在画布上输入"文字标志"。

03 在工具箱中选取【钢笔】工具 🖊，绘制一条路径，路径要保持平滑，如图 10-1 所示。

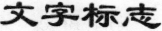
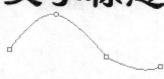

图 10-1　绘制路径图　　　　　　　　　　　图 10-2　文本沿路径分布效果

04 选定文本和路径，选择【文本】/【附加到路径】命令，文本沿路径分布，得到如图 10-2 所示效果。

05 选择【文本】工具，在【属性】面板中设置字体为 Monotype Corsiva，颜色为深蓝色，大小为 25，在画面上输入"WENZIBIAOZHI"字样。

06 在工具箱中选取【钢笔】工具绘制一条路径，注意与前一条路径的呼应，如图 10-3 所示。

07 选定"WENZIBIAOZHI"字样及后一条路径，选择【文本】/【附加到路径】命令，文本沿路径分布。

08 选中"文字标志"，利用【变形】工具对文本进行变形处理。同样，对"WENZIBIAOZHI"字样进行变形处理，效果如图 10-4 所示。

图 10-3　绘制路径　　　　　　　　　　　图 10-4　文本沿路径分布效果

09 选定全部文本，在工具箱中选择渐变工具 🔲，并在【属性】面板上单击填充按钮 🎨 🔲，在弹出的面板中设置渐变方式为【线性】；在色带上单击鼠标添加一个游标，并设置三个游标的颜色分别为蓝色、橙色、绿色，此时的效果如图 10-5 所示。

10 单击【属性】面板的【添加动态滤镜】按钮 ➕，选择【斜角和浮雕】/【内斜角】

命令。在弹出的对话框中设置【斜角边缘形状】为【平滑】，对比度为 75%，柔化度为 3，宽度为 9，光照角度为 135，【按钮预置】为【凸起】，最终效果如图 10-6 所示。

图 10-5　填充效果 　　　　　　　　　　图 10-6　最终效果

10.2　网页艺术字

01 单击菜单栏中的【文件】/【新建】命令，新建一个 550×150 像素的黑色画布。

02 选择工具箱中的【矩形】工具，在属性面板上设置笔触颜色为 ☑，内部填充为实心白色，然后在画布上绘制一个矩形，大小略小于画布，效果如图 10-7 所示。

图 10-7　绘制矩形

03 选择工具箱中的【文本】工具，在【属性】面板中设置文字的颜色为橙红色，字体为 Impact，大小为 96。在图像中单击鼠标，输入文字 "Fireworks"，结果如图 10-8 所示。

04 复制一个文字副本，然后在【属性】面板上将复制的文字幅本的颜色修改为黄色。

05 选择工具箱中的【选定】工具，调整两层文字的相对位置，使之产生错位，效果如图 10-9 所示。

Fireworks　　　　　　Fireworks

图 10-8　输入文字 　　　　　　图 10-9　调整两层文字的相对位置

06 选择【椭圆】工具，在【属性】面板中设置其填充颜色为白色，笔触颜色为 ☑。按住 Shift 键在画面上绘制一个正圆，效果如图 10-10 所示。

07 选择工具箱中的【直线】工具，在【属性】面板中设置笔触颜色为白色，笔尖

大小为 2，描边种类为【铅笔】/【1 像素柔化】。

08 在图像中由白色的圆点中心向四周绘制若干直线。

09 按住 Shift 键选中线条和圆所在的图层，单击【修改】工具栏上的【分组】按钮 ▦组合线条和圆，最终效果如图 10-11 所示。

图 10-10　选择笔头

图 10-11　文字效果

10.3　卷边图片

01 新建一个 400×500 像素的白色画布。

02 选择【文件】/【导入】命令导入一幅图片。

03 选定图片，调整其位置，使图片在画布上居中对齐，如图 10-12 所示。

04 选择工具箱中的【选取框】工具▭，在图片之外的画布上绘制一个矩形选取框。

05 单击工具箱中的【变形】工具。拖动变形框角上的控点旋转选取框。

06 将选取框拖放到图片的角上，效果如图 10-13 所示。

07 在画面空白处单击，取消【变形】工具。

08 在【图层】面板上选中图片所在的层，按 Delete 键删除边角，效果如图 10-14 所示。选择工具箱中的【钢笔】工具，在图片上绘制一个曲边三角形，如图 10-15 所示。

图 10-12　原始图片

图 10-13　选取效果

图 10-14　删除边角效果

09 在【属性】面板中单击【渐变填充】按钮▱，设置曲边三角形的渐变填充方式为【线性】，第一个游标的颜色为【灰色】，第二个游标的颜色为【淡黄色】，调整填充手柄，使填充效果更逼真。

10 选中矢量路径，在【属性】面板中选择【滤镜】/【阴影和光晕】/【投影】命令。在打开的对话框中设置投影距离为 2，阴影方向为 135，效果如图 10-16 所示。

11 选中矢量路径，执行【修改】/【平面化所选】命令，将矢量路径转换为位图。

12 选择工具箱中的【模糊】工具○，在【属性】面板中设置合适的大小和强度，在位图的边缘涂抹，使位图和图片的边缘融合在一起。

13 在【图层】面板中选中图片所在层，在【属性】面板中选择【滤镜】/【杂点】/【新增杂点】命令。在弹出的【新增杂点】对话框中设置杂点数量为 15。单击【确定】。

14 在【图层】面板中选中所有层，单击【修改】工具栏上的【分组】按钮。至此，实例制作完毕。最终效果如图 10-17 所示。

图 10-15　曲边三角形效果　　　　图 10-16　图片效果　　　　图 10-17　最终图片效果

10.4　个性导航条

01 打开 Fireworks，新建一个画布。画布宽度为 300 像素，长度为 700 像素，填充色设置为黑色。

02 选择【钢笔】工具，在画布中绘制一截木桩图形的轮廓，效果如图 10-18 所示。

03 选中新建的对象，在【属性】面板上单击【渐变填充】按钮，在弹出的面板中设置渐变方式为【线性】。

04 在色带上单击鼠标添加一个颜色游标，设置有三种颜色变化的填充方式。第一个颜色值为#663300，第二个颜色值为#996600，第三个颜色值为#663300。笔触填充选择。

05 选中填充好颜色的木桩，在【属性】面板中选择【纹理】/【木纹】，纹理总量为30%，效果如图 10-19 所示。

06 在【属性】面板上选择【滤镜】/【阴影和光晕】/【光晕】效果。在打开的参数设置面板中，指定发光的颜色为深灰色，发光的强度选择 2，不透明度选择 65%，柔和度选择 5，偏移选择 0，效果如图 10-20 所示。

07 添加效果【斜角和浮雕】/【内斜角】，打开内斜角效果编辑面板。斜角边缘形状选择【平坦】，宽度选择 4，对比度选择 50%，柔和度选择 4，发光角度选择 145，斜角状态为【凸起】，效果如图 10-21 所示。

08 使用【钢笔】工具绘制一个不规则的矩形，轮廓如图 10-22 所示。

09 选中新建的矩形，在【属性】面板的效果菜单中添加内斜角动态滤镜。斜角边缘形状选择【平坦】，宽度为 3，不透明度为 89%，柔和度为 7，光源角度为 70。斜角状态为【凸起】，效果如图 10-23 所示。

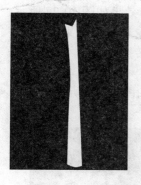
图 10-18　树桩的轮廓

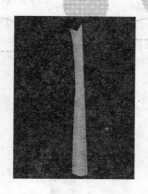
图 10-19　填充后的木桩效果

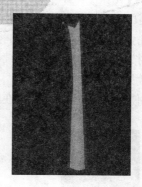
图 10-20　发光效果

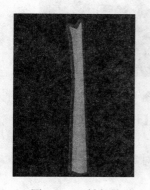
图 10-21　斜角效果

图 10-22　不规则矩形轮廓

图 10-23　填充斜角后的矩形框

第 10 章　综合实例制作

10　使用【钢笔】工具和部分选定工具 ![指针] 调整矩形的图形，将其调整为不规则的形状。然后选择变换工具，对不规则形状进行变形，效果如图 10-24 所示。

11　使用快捷键 Ctrl +C 和 Ctrl +V 复制 3 个同样的矩形对象，再分别用【钢笔】工具调节其形状控点，得到如图 10-25 所示的效果。

12　选择【文本】工具在第一个矩形木牌上添加文字如"TOY"。字体选择 Impact，大小为 25，字体颜色选择绿色。边缘选择【平滑消除锯齿】，效果如图 10-26 所示。

图 10-24　调节矩形对象的控点　图 10-25　复制对象后效果　图 10-26　添加文本　图 10-27　将文本转
化为路径

13　选中文本【TOY】，选择菜单【文本】/【转化为路径】命令，将文本转化为路径。选择菜单【修改】/【取消组合】命令，将新转化来的路径解组，效果如图 10-27 所示。使用部分选定工具 ▶ 拖动文本路径上的图形控点，制作出如图 10-28 所示的效果。

14 按照上一步操作，继续在木牌上添加文本，然后将文本转换为路径，并修改路径形状，效果如图 10-29 所示。

15 使用【钢笔】工具，在画布上绘制一个路径对象，轮廓如图 10-30 所示。

图 10-28　对文本路径进行编辑的效果　图 10-29　编辑多个文本路径效果　图 10-30　路径轮廓图

16 选中新建的路径对象，将其填充设置为实心灰色。打开【图层】面板，将其移动到木杆所在的层之后，效果如图 10-31 所示。

17 选择工具箱中的【椭圆】工具，在画布上绘制一个圆形对象，在绘制时应按住 Shift 键。其轮廓如图 10-32 所示。

18 选中圆形对象，在【属性】面板中对其进行如下设置。颜色填充选择深蓝色，边缘填充效果选择【羽化】，羽化值选择 10。选择属性面板上的【阴影和光晕】/【光晕】效果，发光颜色选择黄色，光晕宽度选择 15，不透明度选择 65%；柔和度选择 12，偏移选择 0。得到最终效果如图 10-33 所示。

图 10-31　填充后的路径　　　图 10-32　圆形轮廓　　　图 10-33　特殊造型导航条效果

10.5　自制邮票

01 创建或打开一幅将制作成邮票的图片，如图 10-34 所示。

02 选择工具箱中的【矩形】工具，在【属性】面板中设置矩形填充颜色为白色，

笔触颜色选择 ☑ 。在图片上绘制一个矩形，并覆盖住图片。

03 选中矩形，按 Ctrl + C 和 Ctrl +V 组合键复制两个矩形。并在【图层】面板中从上至下分别命名为矩形 1、矩形 2 和矩形 3。

04 选中层【矩形 1】，选择工具箱中的缩放工具 ，按住 Alt 键往外拖动变形框上的控点，放大矩形，如图 10-35 所示。

图 10-34　原始图像效果

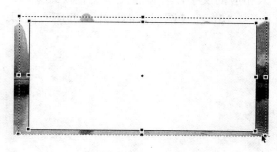

图 10-35　放大矩形

05 选中矩形 1，在【属性】面板中设置其填充颜色为蓝色。

06 在【图层】面板中拖动层【矩形 1】至最底层。

07 选中层【矩形 2】，单击【工具】箱中的【缩放】工具 ，按住 Alt 键往里拖动变形框上的控点，缩小矩形。

08 选中层【矩形 3】，在【属性】面板上的【描边种类】下拉列表中选择【笔触选项】，打开【笔触选项】对话框。

09 描边种类选择【喷枪】，笔触名称选择【基本】，颜色为【白色】，笔尖大小为 20，纹理为【木纹】，不透明度为 0%，【笔触相对于路径的位置】选择【居中笔触】，如图 10-36 所示。

10 单击对话框底部的【高级】按钮，打开【编辑笔触】对话框。设置间距为 150%，其他设置如图 10-37 所示。

图 10-36　【笔触选项】对话框

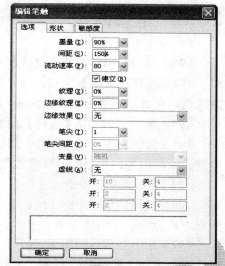

图 10-37　【编辑笔触】对话框

11 单击【确定】按钮，此时图像效果如图 10-38 所示。

12 将层【矩形 3】拖放至倒数第二层。

13 在【图层】面板中选中层【矩形 2】和图像层，选择【修改】/【蒙版】/【组合为蒙版】命令，此时图像的效果如图 10-39 所示。

14 选择【文本】工具，在【属性】面板中设置字体、大小和颜色后，在画布上输入相应的文字，并调整文字位置及效果。

15 在【图层】面板中合并所有图层，最终效果如图 10-40 所示。

图 10-38　图像效果　　　　　　　图 10-39　图像效果

图 10-40　图像最终效果

10.6　电影海报

01 单击菜单栏中的【文件】/【打开】命令，打开一幅背景图像。

02 选择【文本】工具，在【属性】面板中设置字体为华文彩云、大小为 80，颜色为黑色，在背景图像上输入"New Film"字样。

03 选中文本，在【属性】面板上选择【滤镜】/【Eye Candy 4000】/【挖剪】命令。

04 选中文本，在【属性】面板上选择【滤镜】/【Eye Candy 4000】/【闪耀】命令。设置光晕颜色为白色。此时图像的效果如图 10-41 所示。

05 单击菜单栏中的【文件】/【导入】命令，导入一幅图像，如图 10-42 所示。

06 选择菜单栏中的【修改】/【变形】/【数值变形】命令，在弹出的对话框中设置变形方式为缩放，缩放大小为 50%。然后调整图片在背景上的位置。

07 选中缩放后的图像，执行【命令】/【创意】/【自动矢量蒙版】命令。从弹出的对话框中选择【椭圆渐隐】。此时的效果如图 10-43 所示。

08 选择【文本】工具 T，设置字体为华文行楷、大小为 40。在图像中单击鼠标，输入文字"佳片欣赏"。

09 选中文本，在【属性】面板单击颜色填充按钮，在弹出的面板上单击【渐变填充】按钮 ⬜，设置填充方式为【线性】，填充色为红、黄、蓝渐变。然后拖动填充手柄调整填充效果。

图 10-41 背景效果

图 10-42 打开一幅图像

10 在【属性】面板上选择【滤镜】/【阴影和光晕】/【投影】命令。设置投影宽度为 7。此时的图像效果如图 10-44 所示。

图 10-43 图像效果

图 10-44 文字效果

11 单击菜单栏中的【文件】/【打开】命令，打开一幅图片，如图 10-45 所示。

12 选择菜单栏中的【修改】/【变形】/【数值变形】命令，在弹出的对话框中设置变形方式为缩放，缩放大小为 40%。然后将该图像复制到背景图像中。

13 用魔术棒和多边形选取工具选取人物轮廓，并删除其他区域。效果如图 10-46 所示。

14 选择菜单栏上的【滤镜】/【Eye Candy 4000】/【发光】命令。打开【发光】对话框，如图 10-47 所示。

15 在弹出的对话框中设置发光宽度为 30，不透明度为 45%，选择【仅在选择区域外部绘制】复选框。切换到【颜色】选项卡，设置颜色为白色。单击【确定】按钮关闭对话框。

16 在【图层】面板中调整各层的位置，最终效果如图 10-48 所示。

图 10-45 打开一幅图片

图 10-46 图像效果

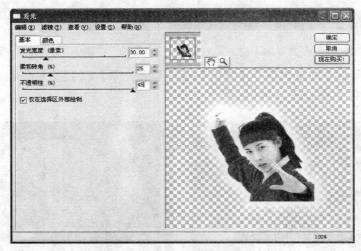

图 10-47 【发光】对话框

图 10-48 最终的效果

10.7 晃动的木牌

01 新建一个白色文档。

02 选择工具箱中的【圆角矩形】工具 ◻，笔触颜色选择 ⬚；单击【图案填充】按钮 ▦，在弹出的下拉列表中选择【其他】，选择一幅图片作为填充图案，在画布上绘制一个圆角矩形。打开【自动形状属性】面板，在弹出的面板上设置矩形圆角为 25。

03 选中圆角矩形，在【属性】面板选择【滤镜】/【斜角和浮雕】/【内斜角】命令。在弹出的对话框中设置斜角方式为【平滑】，宽度为 15。单击【确定】按钮。此时的效果如图 10-49 所示。

04 选中工具箱中的【文本】工具 T，在属性面板中设置字体为幼圆、颜色为深灰色，大小为 30。在矩形上输入"最新资讯"。

05 选中文本，在【属性】面板上选择【滤镜】/【阴影和光晕】/【投影】命令，投影距离为 5。此时图像的效果如图 10-50 所示。

图 10-49 圆角矩形效果   图 10-50 文本效果

06 选择工具箱中的【椭圆】工具 ◯，在【属性】面板上单击【渐变填充】按钮 ▤，设置填充方式为【放射状】，渐变颜色为白灰渐变；笔触颜色选择 ⬚，在圆角矩形上按住 Shift 键绘制两个正圆。

07 选中两个正圆，在【属性】面板上选择【滤镜】/【斜角和浮雕】/【内斜角】命令。在弹出的对话框中设置斜角方式为【平滑】。单击【确定】按钮。效果如图 10-51 所示。

08 执行【视图】/【标尺】命令显示标尺。

09 执行【视图】/【辅助线】/【显示辅助线】命令。

10 用鼠标拖出两条垂直的辅助线，辅助线的交点位于矩形的中心位置，效果如图 10-52 所示。

图 10-51 图像效果   图 10-52 添加辅助线

11 选择【椭圆】工具 ◯，在矩形上方绘制一个正圆。在【属性】面板选择【滤镜】/【斜角和浮雕】/【内斜角】命令。在弹出的对话框中设置斜角方式为【平滑】。单击【确定】按钮。选择工具箱中的【直线】工具 ╲，设置线条颜色为深灰色，绘制两条直线。

12 在【图层】面板中调整各层对象的位置，然后选中所有对象，单击修改工具栏上的【分组】按钮 进行组合。此时的图像效果如图 10-53 所示。

图 10-53　图像效果　　　　　　　　　　图 10-54　图像效果

13 选中组合对象，执行【修改】/【元件】/【转换为元件】命令，将对象转换为图形元件。

14 执行【编辑】/【克隆】命令原地创建一个元件副本。

15 选中元件副本，单击工具箱中的变形工具，用选定工具将变形中心点移至图形最顶端的圆心。拖动变形框角上的控点进行旋转。

16 同理，将另一个实例进行旋转。效果如图 10-54 所示。

17 选中两个实例，执行【修改】/【元件】/【补间实例】命令。打开【补间实例】对话框。在【步骤】栏输入 4，选中【分散到状态】复选框。

18 单击编辑窗口底部的播放按钮 ，即可观看动画效果。打开洋葱皮显示所有状态的效果如图 10-55 所示。

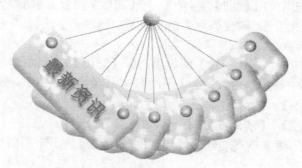

图 10-55　图像效果

10.8　蒙版动画

01 新建一个白色文档。

02 选择【文件】/【导入】命令导入一幅图片，如图 10-56 所示。

03 选中该图片，执行【修改】/【元件】/【转换为元件】命令，将图片转换为图形元件。单击【确定】按钮。

04 选择工具箱中的【文本】工具，在【属性】面板中设置字体为华文行楷、大小为 80，颜色为深灰色。在画布上输入"豪门盛宴"，如图 10-57 所示。

图 10-56　导入图片的效果

图 10-57　文本效果

05 在【图层】面板中按住 Shift 键选择图形元件层和文字层。

06 执行【修改】/【蒙版】/【组合为蒙版】命令，制作蒙版效果，如图 10-58 所示。

07 在【图层】面板中单击蒙版层的链接图标，断开蒙版链接。

08 选中图形元件，用选定工具移到到文字左侧，使在画布上看不到文字。

09 执行【编辑】/【克隆】命令复制一个元件实例，用选定工具移到到文字右侧，使在画布上看不到文字。

10 按住 Shift 键选中两个图形元件，选择【修改】/【元件】/【补间实例】命令，打开【补间实例】对话框，在【步骤】栏输入 10，选中【分散到状态】复选框。

11 单击【确定】按钮。单击编辑窗口底部的播放按钮即可观看到动画效果。

12 利用【洋葱皮】工具显示所有状态，效果如图 10-59 所示。

图 10-58　蒙版效果　　　　　　　　　　　　　　　图 10-59　洋葱皮效果

10.9　标题动画

01 打开 Fireworks，创建一个大小为 400×80 的新文件；分辨率设置为 96 像素/英寸；背景色设置为【自定义】，选择橘红色作为背景，选择【确定】按钮。

02 选择【文本】工具，在属性面板中设置参数如下：在文本输入区中输入字符串 "Dreamweaver"；字体设置为 Impact；大小为 34；字体颜色设置为蓝色，字体加粗；选择【平滑消除锯齿】，效果如图 10-60 所示。

03 在【图层】面板中选择【层 1】，设置其不透明度为 15%。效果如图 10-61 所示。

04 选择【文本】工具，在【属性】面板中设置字体为 Impact；大小为 44；字体颜色为绿色，字体加粗，选择【平滑消除锯齿】；在文本输入区中输入字符串 "Fireworks"；选择该图层，设定不透明度为 25%，效果如图 10-62 所示。

05 选择【文本】工具，在【文本】属性面板中设置字体为 Impact；大小为 25；字体颜色为黄色，选择字体加粗；选择【平滑消除锯齿】；在文本输入区中输入字符串"Flash"；选择该图层，设定其不透明度为 15%，效果如图 10-63 所示。

图 10-60　输入文本

图 10-61　文本效果

图 10-62　文本的淡化效果

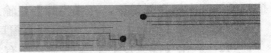

图 10-63　文本效果

06 选择【直线】工具，在其【属性】面板上设置笔触颜色为紫色；描边种类为【铅笔】/【1 像素柔化】，笔尖大小设置为 1；纹理的不透明度设置为 0%。按照如图 10-64 所示的效果在画布上绘制一组直线。

07 选择【修改】/【组合】命令将直线组群。

08 选择【椭圆】工具，绘制两个圆形，在【属性】面板上设置其笔触填充选择 ☑，内部填充方式为实心棕色，效果如图 10-65 所示。

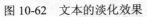

图 10-64　直线绘制效果

图 10-65　圆形绘制位置

09 选择【椭圆】绘制工具，按住 Shift 键的同时在画布上拖动绘制一个圆形。在属性面板上单击【渐变填充】按钮，在弹出的面板上选择渐变方式为【放射状】，编辑颜色为白绿渐变；边缘设置为【消除锯齿】；纹理的透明度设置为 0%。笔触填充颜色为棕色，笔尖大小为 3，描边种类为【铅笔】/【1 像素柔化】，效果如图 10-66 所示。

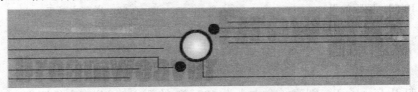

图 10-66　中心圆的绘制与颜色填充效果图

10 选中直线、两个小圆形和一个大圆形，选择【修改】/【组合】命令，将其成组。

11 右键点击【图层】面板，在弹出的快捷菜单中选择【在状态中共享层】命令，共享该层，会发现在【层 1】的右侧出现一个双箭头标志，说明该层已经共享。

12 单击【图层】面板底部的【新建/重制层】按钮，添加新的图层。

13 选择【文本】工具，在【文本属性】面板中设定字体为华文彩云；大小为 28；颜色为白色；选择【平滑消除锯齿】选项，在如图 10-67 所示的位置输入"动"字。

14 选择【修改】/【元件】/【转换为元件】命令，在弹出的【转换为元件】对话框中设置元件名称为"动"，类型为【动画】，选择【确定】按钮。

图 10-67　文本输入位置

15 在弹出的【动画】对话框中，设置状态数为 5；移动距离设置为 159；方向设置为 9；缩放到设置为 100；不透明度从 100~100；旋转设为 360，选中【顺时针】选项，如图 10-68 所示。

16 完成的动画设定效果如图 10-69 所示。

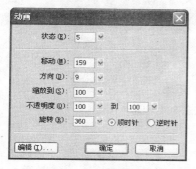

图 10-68　【动画】属性设定对话框

图 10-69　动画路径效果图

17 执行【窗口】/【状态】命令打开【状态】面板。选中【状态 1】，重复 **13** ~ **16** 步，在画布上输入"画"、"创"、"作"的动画效果，效果如图 10-70 所示。

图 10-70　多个动画效果路径

18 选择【状态 3】，选择【文本】工具，在【文本属性】面板中设置字体为 Arial，大小为 20，颜色为白色，水平缩放设置为 40%，选择【平滑消除锯齿】选项；输入"Adobe Fireworks"字符串，效果如图 10-71 所示。

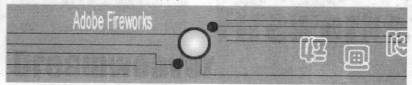

图 10-71　状态 3 文本位置

19 选择【修改】/【元件】/【转换为元件】命令，在弹出的对话框中指定元件的名称为 Flash，类型为【动画】。单击【确定】按钮弹出如图 10-67 所示的【动画】对话框，参数设定如下：状态数目设置为 3；移动距离设置为 58；方向设置为 180；缩放到 100；

不透明度从 50~100；旋转设为 0，点选【顺时针】选项。

20 完成的动画设定效果如图 10-72 所示。

图 10-72　文本动画路径

21 选择【预览】按钮进行预览，点击播放按钮 ▷ 进行播放。状态 2 和状态 5 的效果如图 10-73 所示。

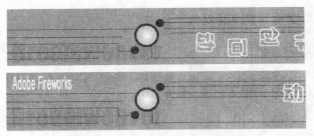

图 10-73　状态 2 和状态 5 效果图

10.10　动态归途

01 打开 Fireworks，新建一个画布。选择菜单【视图】/【标尺】命令，显示出标尺。选择【选取】工具，用鼠标单击标尺，然后拖动鼠标在工作区绘制两条垂直的辅助线，使垂直焦点位于工作区的中心。

02 选择矢量工具组中的【矩形】工具 ▢，在工作区中绘制一个矩形对象，使其大小与画布大小相同。对其进行如下填充：选择内部填充方式为【渐变】/【线性】；第一个游标的颜色选择蓝色，第二个游标的颜色选择绿色。选择位图工具区中的【渐变】工具 ▣，自上而下拖动鼠标。

03 使用【钢笔】工具 ✎ 在背景上勾勒出山峦的轮廓，填充颜色为深绿色，如图 10-74 所示。

04 选择【钢笔】工具，勾勒出道路，填充为实心灰色，效果如图 10-75 所示。

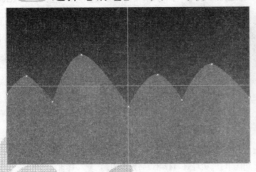

图 10-74　带有山峦的背景

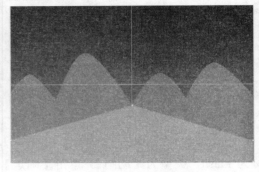

图 10-75　绘制好道路

05 在【图层】面板中将绘制好的该层共享。

06 打开【图层】面板，在其中绘制左右栏杆蒙版和斑马线蒙版，如图 10-76 所示。此时【图层】面板结构如图 10-77 所示。

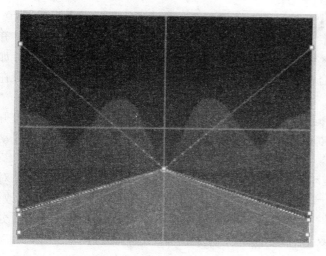

图 10-76 在背景图上建立蒙版

图 10-77 建立蒙版后的层面板

07 绘制运动的线杆。在【图层】面板中新建一个层。选中该层，选择菜单【编辑】/【插入】/【新建元件】命令，打开【转换为元件】对话框。在名称文本框中输入新建元件的名字"线条"，类型选择【图形】，单击【确定】按钮打开元件编辑窗口。

08 使用【矩形】工具绘制一个矩形对象，按住 Alt 键，用鼠标拖动新图片建对象生成多个对象。使用【修改】工具栏中的【顶部对齐】按钮，将各个矩形对象的上边缘对齐。再使用修改工具栏中的【分组】按钮，将它们组合为一个对象，如图 10-78 所示。单击【页面 1】按钮，则在【文档库】面板中新添一个名为"线条"的图形元件。

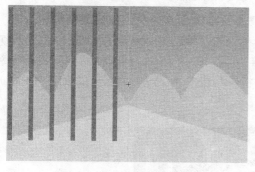

图 10-78 一个线条元件

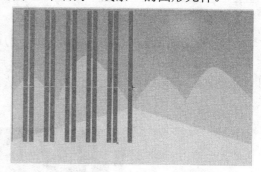

图 10-79 在两个线条元件之间插帧

09 制作线杆移动的效果。选择菜单【编辑】/【插入】/【新建元件】命令，打开【转换为元件】对话框。在名称文本框中输入新建元件的名字"栏杆"，类型选择【动画】，单击【确定】按钮打开元件编辑窗口。打开【文档库】面板，拖动两个"线条"元件到元件编辑窗口。将第二个对象在第一个栏杆对象的基础上左移一段距离，大概有两个栏杆间四分之一的距离。得到图形如图 10-79 所示。

10 选择菜单【修改】/【元件】/【补间实例】命令，打开【补间实例】对话框。在步骤文本框中输入 10，选中【分散到状态】文本框。此时可以在工作区预览动画效果。

11 同样的方法，将拖动到元件编辑框的对象右移一段距离。在两个元件对象之间执行【补间实例】命令，实现栏杆右移效果。

12 选择【编辑】/【插入】/【新建元件】菜单命令，打开【转换为元件】对话框。在名称文本框中输入新建元件的名字"横条"，类型选择【图形】，单击【确定】按钮打开元件编辑器。使用矩形工具在工作区绘制一个矩形横条，并复制出一组横向的斑马线，如图 10-80 所示。将新建的斑马线组合在一起，单击【页面 1】按钮将"横条"元件保存在【文档】库中。

13 制作斑马线的动态效果。选择【编辑】/【插入】/【新建元件】菜单命令，打开【转换为元件】对话框。在名称文本框中输入新建元件的名字"斑马线"，类型选择【动画】，单击【确定】按钮。

14 打开【文档库】面板，拖动两个"横条"元件到元件编辑窗口，并将第二个对象在第一个栏杆对象的基础上下移一段距离，约两个横条间四分之一的距离。选择【修改】/【元件】/【补间实例】命令，在【补间实例】对话框的步骤文本框中输入 10，选中【分散到状态】复选框，以便实现动画效果，如图 10-81 所示。

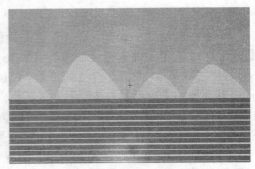

图 10-80　一个状态的斑马线效果　　　　图 10-81　两个状态的斑马线效果

15 在【图层】面板中，分别选中左边和右边的蒙版，使用快捷键 Ctrl +X 将其剪切。在【文档库】面板中拖动"栏杆"动画对象到工作区，选择【编辑】/【粘贴为蒙版】命令。可以将动画栏杆粘贴在背景上。同样的方法，将斑马线动画粘贴到背景上，如图 10-82 所示。

图 10-82　做好动画栏杆和斑马线

16 制作驾驶平台。选择【矩形】工具▢，绘制一个矩形，填充为黑色，如图 10-83 所示。选中矩形对象，在【属性】面板上选择【滤镜】/【斜角和浮雕】/【内斜角】效果。实现如图 10-84 所示的效果。

<table>
<tr><td>图 10-83　绘制的矩形效果</td><td>图 10-84　添加特效后的效果</td></tr>
</table>

17 制作驾驶盘。选择【椭圆】工具，绘制一个圆形对象。使用快捷键 Ctrl+C 和 Ctrl+V 复制一个圆形对象。选择菜单【修改】/【改变路径】/【打孔】命令，效果如图 10-85 所示。使用快捷键 Ctrl+C 和 Ctrl+V 复制一个圆环对象，并改变其大小，效果如图 10-86 所示。使用矩形工具绘制一个与大圆环相比拟的矩形对象，为便于观察效果，可以修改矩形的不透明度，如图 10-87 所示。

图 10-85　圆环效果　　　　图 10-86　圆环效果　　　图 10-87　三个对象相交的示意图

18 选中大圆环和矩形，选择菜单【修改】/【组合路径】/【交集】命令，实现如图 10-88 所示的效果。使用椭圆工具在方向盘的中心绘制一个小圆。选中小圆环和组合路径，然后选择【修改】/【组合路径】/【联合】菜单命令，将两部分结合。分别对组合路径和小圆执行【斜角和浮雕】/【内斜角】命令，实现效果如图 10-89 所示。

图 10-88　方向盘轮廓图　　　　　图 10-89　方向盘效果图

19 制作驾驶盘的支架。选择【矩形】工具，绘制长条的小矩形，并为其添加效果。为使其逼真，令其斜放，效果如图 10-90 所示。

20 制作车内油表和指示灯框架。选择【矩形】工具，在驾驶平台背景上绘制两个矩形对象，一大一小。选择【修改】/【组合路径】/【打孔】，将两个矩形对象打孔。选择【属性】/【滤镜】/【斜角和浮雕】效果，最后效果如图 10-91 所示。

图 10-90　方向盘效果　　　图 10-91　新建矩形对象　　　图 10-92　指示灯和油灯

21 制作油表。选择椭圆工具，在如图 10-91 所示的框架中绘制一个大圆，填充颜色选择绿色。在其中绘制几个小圆，填充颜色选择红色。选择【矩形】工具，在框架右侧绘制一个矩形对象，填充颜色选择绿色，然后在其中绘制一些小的正方形，内部填充选择黑色，效果如图 10-92 所示。

22 绘制好后的效果图如图 10-93 所示。现在可以将车内饰物复制到第 2、3、4 个状态中。注意每个状态中各层之间的叠放次序。这样可以在图中实现动画。

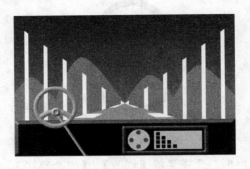

图 10-93　总的效果

10.11　网站首页

01 打开 Fireworks，新建一个画布。宽为 800 像素，高为 600 像素，分辨率为 96 像素 / 英寸，画布颜色设置为白色。

02 选择【直线】工具 ，在【属性】面板上设置笔触填充颜色为灰色，笔尖大小为 1 像素，描边种类为【铅笔】/【1 像素柔化】，在画布上绘制一组直线对象，效果如图 10-94 所示。

03 执行【文件】/【导入】命令，在画布上单击要导入图片的地方，导入一幅图片，效果如图 10-95 所示。

04 选择工具箱中的【矩形】工具 绘制一个矩形对象，矩形对象的宽度与导入图形的宽度相同。在【属性】面板上设置笔触颜色为黑色，笔尖大小为 1 像素，描边种类为【铅笔】/【1 像素柔化】；内部填充颜色选择黑色，边缘选择【平滑消除锯齿】，效果如图 10-96 所示。

05 选择【钢笔】工具 ，打开【属性】面板，设置笔触填充颜色为蓝色，笔尖大小为 12 像素，描边种类选择【非自然】/【3D 光晕】。在绘制的矩形对象上绘制不规则图形，效果如图 10-97 所示。

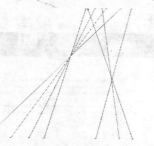

图 10-94　添加直线对象

图 10-95　导入图形效果

图 10-96　绘制矩形对象的效果

图 10-97　绘制不规则图像

06 选择【文本】工具 **T**，选择【属性】面板，字体选择 Arial，字体大小选择 20，字体颜色选择白色，边缘效果选择【平滑消除锯齿】，在黑色矩形对象的右下角输入文本对象"Music Light"，效果如图 10-98 所示。

07 使用【文本】工具 **T**，打开【属性】面板，字体选择 Arial，字体大小选择 25，字体颜色选择黑色，字顶距选择 160%，左对齐，边缘选择【平滑消除锯齿】，在导入图形的右下方输入文本对象，效果如图 10-99 所示。

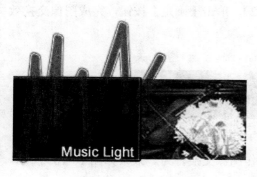

图 10-98　输入文本对象

图 10-99　输入介绍性文本

08 选择【椭圆】工具 ，在导入的图像上方绘制 3 个椭圆对象，颜色填充选择紫色，边缘选择【羽化】，羽化值选择 3，笔触填充选择 ，效果如图 10-100 所示。

09 选择【文本】工具 **T**，打开【属性】面板，字体选择 Coneteo BT，大小选择 15，选择【加粗】，文本颜色选择蓝色，在新绘制的椭圆对象之后输入文本对象"About Us"、

"What's New"、"Links"，效果如图 10-101 所示。

图 10-100　添加椭圆对象 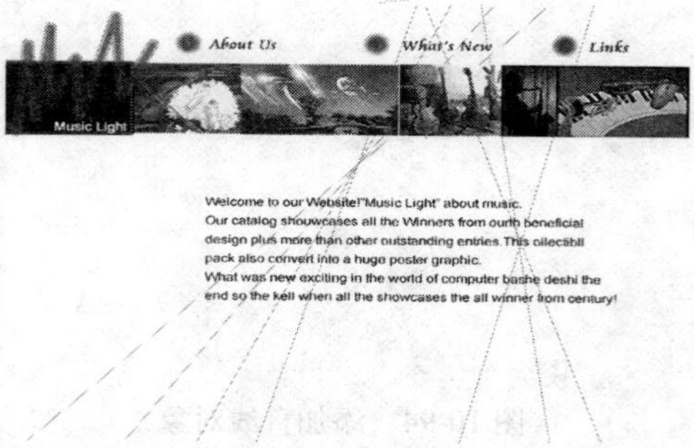　　　　　　图 10-101　添加链接文本

10 按住 Shift 键，单击鼠标选中一个椭圆对象和后面的文本对象，使用快捷键 Ctrl +C 复制。然后打开【状态】面板，新建一个状态，将复制的对象粘贴到新建的状态中。

11 选中复制的椭圆对象，打开【属性】面板，设置填充颜色为黄色，其他设置不变，效果如图 10-102 所示。

About Us　　　　　　　What's New　　　　　　Links

图 10-102　修改状态 2 中的椭圆的颜色

12 选中【状态 1】，使用【切片】工具，将第一个椭圆对象和其后的文本对象"About Us"做成切片，效果如图 10-103 所示。

About Us　　　　　　　What's New　　　　　　Links

图 10-103　添加切片对象

13 单击鼠标右键打开快捷菜单，选择【添加交换图像行为】选项，打开【交换图像】对话框，在状态编号下拉列表中选择【状态 2】，单击【确定】按钮，完成图像交换效果。在预览框中观察到效果如图 10-104 所示。

图 10-104　图像交换预览效果

同样的方法，为另外两个椭圆和文本对象制作图像交换行为。效果如图 10-105 所示。

图 10-105　3 个切片对象效果

14 选择【矩形】工具□，在导入的图像下绘制一个矩形对象。打开【属性】面板，笔触填充颜色为绿色，笔尖大小设置为 1 像素，描边种类选择【铅笔】/【1 像素柔化】；内部颜色填充颜色选择实心红色，边缘选择【消除锯齿】，纹理总量设置为 0%，效果如图10-106 所示。

图 10-106　添加矩形效果

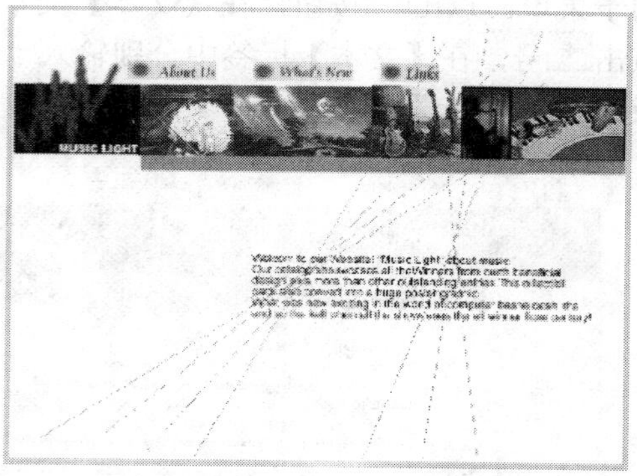

图 10-107　复制粘贴矩形对

15 使用快捷键 Ctrl +C 和 Ctrl +V，将新建矩形复制粘贴 4 份，沿导入图像依次排开，效果如图 10-107 所示。

16 选择【文本】工具 T，在【属性】面板上设置字体为 Arial，大小为 18，颜色选择黑色，选中【加粗】，边缘选择【平滑消除锯齿】，分别在五个矩形对象框中输入文本对象 "ALTO"、"PIANO"、"VIOLIN"、"FLUTE"、"OPERN"，如图 10-108 所示。

17 选中所有的矩形框和其中的文本对象，使用快捷键 Ctrl + C 复制，然后打开【状态】面板，新建一个状态，将选中的矩形对象和文本对象粘贴到新建的状态 2 中。选中新粘贴的矩形对象，打开【属性】面板，笔触颜色选择黑色，内部填充颜色选择灰色，其他属性设置不改变，效果如图 10-109 所示。

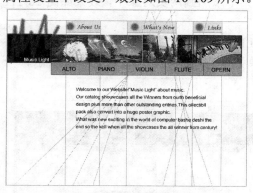

图 10-108　在矩形对象中添加文本

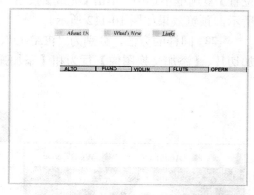

图 10-109　将矩形对象粘贴到状态 2 中

18 单击【状态 1】，选择【切片】工具☑，给第一个矩形框添加切片。在切片上单击鼠标右键打开快捷菜单，选择【添加交换图像行为】，打开【交换图像】对话框。在状态编号下拉列表中选择【状态 2】，单击【确定】按钮，实现图像交换效果。预览效果如图10-110 所示。

19 选择【状态 1】，选中第一个矩形切片对象，单击鼠标右键打开快捷菜单，选择

【添加弹出菜单】命令，打开【弹出菜单编辑器】对话框。在【文本】文本框中输入"Baritone"，这是第一个菜单项。点击【添加菜单】按钮 ，在【文本】文本框中输入"Gentleman"，点击【缩进菜单】按钮 ，使"Gentleman"成为"Baritone"的子菜单。再点击 按钮，在【文本】文本框中输入"Lady"，点击【缩进菜单】按钮 ，使"Lady"也成为"Baritone"的子菜单。点击 按钮，在【文本】文本框中输入"Soprano"作为第 2 个菜单命令，再点击 号，在【文本】标签中分别输入"Gentleman"、"Lady"，使"Gentleman"、"Lady"成为"Soprano"的下级菜单。

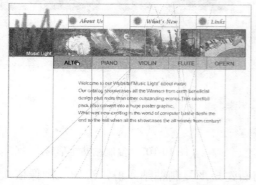

图 10-110　预览效果

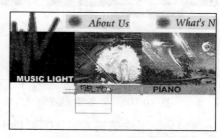

图 10-111　添加弹出菜单效果

20 单击【继续】按钮，在单元格选项中选择【图像】，下拉列表中选择【垂直菜单】，字体选择 Arial，大小选择 12，选择【加粗】，在弹起文本框中文本颜色选择黑色，单元格选择灰色，样式选择【加黑边凸起】效果；在滑过状态文本框中，文本选择白色，单元格选择深蓝色，样式选择【加黑边凸起】效果。

21 单击【继续】按钮，打开高级选项卡，保持默认选项。单击【继续】按钮，打开【位置】选项卡，菜单位置选择第 2 种，子菜单位置选择第 1 种；【与父菜单放在同一位置】复选框不选中。单击【完成】按钮，将弹出菜单添加到网页对象中，效果如图 10-111 所示，预览效果如图 10-112 所示。

22 同样的方法，分别为"PIANO"、"VIOLIN"、"FLUTE"、"OPERN"矩形对象添加切片、【添加交换图像】行为和【添加弹出菜单】行为。最终效果如图 10-113 所示。

图 10-112　预览效果

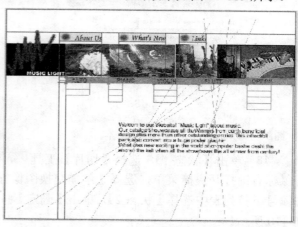

图 10-113　为多个矩形框添加切片效果

10.12　交互网页

01 新建一个 800×600 像素的白色画布。

02 选择【矩形】工具▣，在画布上绘制一个矩形。打开属性面板，设置无笔触填充，矩形大小为 800×600 像素，且矩形左上角和画布左上角对齐。单击【图案填充】按钮▣，在弹出的下拉列表中选择【其他】，然后在弹出的对话框中选择填充图片，然后调整填充手柄，得到合适的填充效果。

03 选择【文本】工具 T，设置字体为华文彩云，大小为 70，字间距为 60，颜色为深灰色，然后在画布上单击，输入"花之物语"，如图 10-114 所示。

04 选择【圆角矩形】工具▢，设置内部填充颜色为白色，笔触颜色为白色，笔尖大小为 20，描边种类为【非自然】/【3D 光晕】，在画布上绘制一个圆角矩形。选择【窗口】/【自动形状属性】菜单命令，在打开的【自动形状属性】对话框中设置矩形圆角为 30，效果如图 10-115 所示。

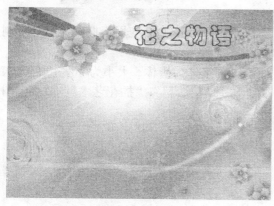

图 10-114　图像效果

图 10-115　图像效果

05 选中圆角矩形，按快捷键 Ctrl +C 和 Ctrl +V 复制粘贴一个矩形副本。

06 选择【文件】/【导入】命令，导入一幅鲜花的图片。

07 在【图层】面板中将鲜花的图片移至圆角矩形下层。选中鲜花图层和一个圆角矩形图层，执行【修改】/【蒙版】/【组合为蒙版】命令，制作蒙版。效果如图 10-116 所示。

08 按 Ctrl+F8 组合键打开【转换为元件】对话框，将该蒙版转换为名称为"1"的图形元件。单击【确定】按钮，然后按 Delete 键删除画布上的元件。

09 重复第 **05** ~ **08** 步，制作其他蒙版，并将其转换为图形元件。

10 在【图层】面板中右键单击【层 1】，在弹出的上下文菜单中选中【在状态中共享层】命令。

11 新建一个图层。选中工具箱中的【文字】工具 T，设置字体为 AnchorSteamNF、大小为 100，填充方式为图案填充，在画布上输入"FLOWERS"，效果如图 10-117 所示。

12 打开【状态】面板，单击【新建/重制状态】按钮▣新建一个状态。选中新建的状态，并打开【文档库】面板，将元件 1 拖放到画布上，调整其位置。

图 10-116　蒙版效果

图 10-117　图像效果

13 同理，再新建两个状态，分别将元件 2 和元件 3 拖入画布。

14 回到【层 1】，选中工具箱中的【椭圆】工具 ◎，在【属性】面板中设置无笔触颜色。在画布上绘制一个椭圆。

15 打开【样式】面板，在镶边样式中选择样式 chrome 018 应用于椭圆。然后复制两个椭圆，在画布上对齐，效果如图 10-118 所示。

16 选择【文本】工具 T，在【属性】面板设置字体为楷体、大小为 30，颜色为深灰，然后在 3 个椭圆按钮上分别输入"园艺盆景"、"鲜花造型"、"插花艺术"，效果如图 10-119 所示。

图 10-118　图像效果

图 10-119　图像效果

17 按住 Shift 键选中 3 个椭圆按钮，选择【编辑】/【插入】/【多边形切片】命令，为 3 个按钮添加切片。选择工具箱中的【切片】工具 ☑ 在图像显示区域绘制一个矩形切片，效果如图 10-120 所示。

18 选中按钮【园艺盆景】，单击右键，从弹出的快捷菜单中选择【添加交换图像行为】命令。在弹出的【交换图像】对话框中指定目标切片为矩形所在的切片位置，然后在【状态编号】下拉列表框中选择【状态 2】。单击【确定】按钮。

19 同理，为其他两个按钮添加交换图像行为。目标图像分别为状态 3 和状态 4。

20 实例制作完毕。按 F12 键即可观看页面效果。当鼠标移到【园艺盆景】按钮上时显示效果如图 10-121 所示。当鼠标移到【鲜花造型】按钮上时显示效果如图 10-122 所示。当鼠标移到【插花艺术】按钮上时显示效果如图 10-123 所示。当鼠标停留在其他位置时，显示效果如图 10-119 所示。

图 10-120　图像效果

图 10-121　图像效果

图 10-122　图像效果

图 10-123　图像效果

第 10 章　综合实例制作